番禺文化丛书

番禺建筑
Panyu Jianzhu

齐晓光 著

中山大学出版社
·广州·

版权所有 翻印必究

图书在版编目（CIP）数据

番禺建筑 / 齐晓光著. —广州：中山大学出版社，2017.6
（番禺文化丛书 / 陈春声，徐柳主编；刘志伟副主编）
ISBN 978-7-306-05953-6

Ⅰ. ①番… Ⅱ. ①齐… Ⅲ. ①建筑艺术－番禺区 Ⅳ. ① TU-862

中国版本图书馆 CIP 数据核字（2016）第 045638 号

出 版 人：	徐　劲
策划编辑：	陈俊婵
责任编辑：	陈俊婵　张红艳
责任校对：	王延红
封面设计：	林绵华
装帧设计：	林绵华
责任技编：	黄少伟
出版发行：	中山大学出版社
电　　话：	编辑部 020-84111946，84110779
	发行部 020-84111998，84111981，84111160
地　　址：	广州市新港西路135号
邮　　编：	510275　　传　真：020-84036565
网　　址：	http://www.zsup.com.cn　E-mail:zdcbs@mail.sysu.edu.cn
印 刷 者：	佛山市浩文彩色印刷有限公司
规　　格：	787mm×1092mm　1/16　13.25印张　196千字
版次印次：	2017年6月第1版　2017年6月第1次印刷
定　　价：	45.00元

如发现本书因印装质量影响阅读，请与出版社发行部联系调换

番禺文化丛书编委会

主　编： 陈春声　徐　柳

副主编： 刘志伟

编　委：（按姓氏拼音为序）

边叶兵　陈　琨　陈　滢　陈泽泓　何穗鸿　梁　谋

刘晓春　齐晓光　汤耀智　杨元红　朱光文

总　序

　　番禺，在广州及其周边地区，是一个有确凿证据可稽的历史最古老的地理名称。这个地理名称所涵盖的行政区域范围，在过去两千多年的历史中，一直在逐步缩小，到 20 世纪初，甚至退出了自己原来的核心——省城广州。尽管如此，番禺这个名字，两千多年从来没有被改变、被取代，更从未消失。由此看来，番禺这个名字，是一个有特殊生命力的不可替代的符号，是一种在长期的历史中凝聚而成的文化象征。

　　所谓的"番禺文化"，不会因一时一事的时势变化而消失，也不可能由一两个能工巧匠去打造。抱持着这一理念，番禺区和我们开始策划编写这套"番禺文化丛书"的时候，就形成了一个共识，要将番禺地域文化的呈现，置于历史的视野之中，尤其优先着力于那些在历史过程中持续累积，形成厚实的历史基础的题材。我们相信，首先在这些题材落笔，更能表达"番禺文化"的轮廓与本相。

　　所谓的"地域文化"，是由世世代代生活在这个特定地域空间中的人的活动创造的社会制度、行为习惯、物质及艺术等方面的内容构成的。因此，当地人的活动，是我们理解地域文化的基本出发点。而一个地方的人的活动，是他们与自然环境共处，适应并利用自然环境，同时也改变其存在空间的过程。这个过程，创造了所谓文化存在的物质和非物质形态。这套丛书除以人物、建筑、音乐、书画、非物质文化遗产为主题外，特别在概论中，从番禺历史与社会文化的乡土基础着眼，期望能够以较简略的方式和篇幅，呈现番禺文化的基本面貌、特性和底蕴。

在遥远的古代，番禺的地域范围，包括今天狭义的珠江三角洲的全部。不过，彼时这个名称主要指今天的广州及其周边地区，其中大部分还是在珠江口的海湾中星罗棋布的海岛及其周回的陆地。其后，随着珠江三角洲的发育，岛屿逐渐连缀起来，陆地面积不断扩大，域内陆续析置新县，作为行政区域单位的番禺的地理范围不断收缩。到明清时，番禺作为广州府的附郭县，定格在一个大致在北、东、南三面环绕着省城的县域。这个县域，便是近代"番禺"的文化认同形成的基本地理范畴。进入20世纪，先是广州市区从番禺县分离出来，番禺治所移出广州市区，继而，上番禺地区划入广州市郊区，番禺的县域只剩下广州南部的大小箍围加上其东南部的新涨沙田区。前些年，下番禺东南的沙田区的大部分又再析出，新置南沙区。今天广州市辖下的番禺区，不仅失去了古代岭南地中"亦其一都会"的广州城，也失去了两千多年来构成番禺地理疆域主体的相当大一部分，甚至近百年来在珠江口海上新生的冲积土地，也随着南沙区的崛起，渐渐离"番禺"而去。

这个现实，向我们编撰"番禺文化丛书"直接提出的问题是，这套书的叙事在时间、空间上如何界定其场域？我们觉得，所谓"番禺文化"，应该是历史上生活在番禺这块土地上的人们所创造的，要全面、整体地阐述番禺文化，就不能只限于今天的番禺一隅。但是，从另一个角度考虑，作为一套由番禺区组织编撰的丛书，其基本的视域，又需要大致限定在今天番禺区的行政辖地之内，以发生在这个区域内的历史文化事象为丛书叙事的基本内容。这样一来，我们无可避免地陷入一个两难的处境。拘泥于作为行政区的番禺的地界，难免破坏"番禺文化"的整体性；超越这个边界，又离开了作为今天行政辖地的文化表述这个本分。经过反复的斟酌讨论，我们选择了不去硬性地采取统一的原则和体例的做法。现在呈现在读者面前的六个专题分卷，有的严格以今天番禺的行政区域为界，有的则不以这个地界为限，扩展至以清代番禺籍人士组成的文化圈。大体上，扎根本地乡土社会的主题，我们主要采用前一种方式，叙事基本上以今天番禺行政区域空间为范围；而更多以城市为主要舞台的精英文化题材，则不局限在今天的行政区域，内容覆盖了历史上更为广大的番禺地区。

这样处理，并不是一开始就有意识地、清晰地定下的原则，而是在写作过程中自然形成的结果。这说明了要表现番禺文化的不同主题，的确需要有不同的视域才能比较完整地表达的客观要求。在这点上，《番禺人杰》一卷最为典型。该卷撰稿人说："两千年中，以番禺冠称的行政境域变化频繁，范围不定，而以番禺地望自称的传人，体现出对精神家园的守望与执着，对乡梓文化的认可与传承，这是中华民族的优良传统。因此，从文化的剖析及宣扬出发，本书所说的番禺名人，是对历史上以番禺为籍贯的番禺人的记述。"我们认为，这是从历史人物的生平业绩展示番禺文化所必须采取的做法。这些历史上在不同领域对番禺文化的塑造做出贡献的人物，他们的活动舞台一定超出乡土社会的范围；很多人士，虽然其家乡已经不在今天的番禺区辖内，但在他们的时代，他们都以番禺为自己的乡土认同，他们的社会活动，也都以番禺籍人士的身份出现。这些番禺籍人士作为一个群体在宏大历史场景中扮演的角色，从来不局限在各自的乡村社区范围，他们活动的舞台，遍及全国乃至世界各地。这个事实，显示出"番禺文化"具有超越地方一隅的意义和价值，不是我们可以拘泥于今天的行政区边界而去将其割裂开来的。

有一些地域文化的题材，除了不能割裂传统的地域整体性外，还不能离开城乡关系格局的视角。番禺在历史上作为同时是省会所在地的附郭县，有一些文化领域的发展及其特色是在这个地区的城乡连续体中形成的，这套丛书中《番禺丹青翰墨》和《禺山乐韵》两卷，即突出体现了这个视角。书画和音乐，一般都被视为精英文化的领域，而城市则是这类精致高雅文化生长的主要舞台。番禺在书画和音乐创作领域之所以能够达到一般地方文化罕有的成就和高度，涌现许多传世的不朽作品，形成具有全国性影响的流派，离不开其依托于广州这个多元文化交融的大都市这个条件；同时，番禺人士在书画和音乐领域创造的独特品位，有其深厚的乡土根基，许多独具一格、意味隽永的作品，浸润着乡村生活的情趣。本土乡村孕育了本地书画和音乐的灵气与风味；而连接世界的都市，则提升了这些作品的品格，打开了作品的天地，使番禺的书画和音乐在民族艺术之林中占有重要的一席之地。这套丛书的《番禺丹青翰墨》和《禺山乐韵》两卷所展现出来的艺术创造和传播空间，大大超越番禺一地的局限，自然是必不可免的。

我们最能够将内容划定在今天番禺辖区范围内的，是《番禺建筑》一卷。这不仅是由于建筑坐落的位置是固定的，可以在地理空间上将境内境外的界线清楚划分开来，更因为在整个珠江三角洲地区，建筑的类型及其形制具有高度的相似性，而在今天的番禺区地域之内，珠江三角洲地区的主要建筑形式大致上均已齐备，只选区内现存的代表建筑来讨论，已经足以涵盖不同时期番禺区域范围内的建筑类型和建筑风格。作为一种地域文化的物质载体，建筑是地方文化的一种非常直接的表达，我们从番禺区境内建筑形式的丰富多样性，可以见到番禺区虽然今天的辖区范围大大缩小了，但仍然保存着具有整体性的地方文化特色，而这种特色也容纳了很多原来在广州城市发展出来的文化性格，这也是番禺文化是在一种城乡连续体格局下形成和延续的表征。番禺区域内传统建筑具有的典型性和代表性，让我们有可能立足于今日的番禺区去呈现番禺的文化传统。

如果说建筑是以物质形态保存和呈现一个地区历史文化传统的典型形态的话，那么，地方文化传统在更深层次的存续与变迁则体现在日常生活方式以及各类仪式上面，这些民俗事象，今天也被称为非物质文化遗产。在这个领域，番禺区辖内城乡人群与周边更广大地区人群中生活习俗具有相当高的相似性，而由于生态、环境和人群的多样性而存在的各种差异，在今日的番禺辖区内也都曾经共存，甚至在如今急剧的社会变迁过程中，许多地方的民俗文化正在发生变异，而在番禺辖区里，相对还保存得更为完整，更为原汁原味。更重要的是，虽然民俗的内容在相当大的地域空间里广泛存在，有某种普遍性，但具体的民俗事象，又是独特而乡土的，总是依存于特定的社区、人群、场所和情景之中；对民俗的观察和记录，也总是细微而具体的，只要不企图去确认某种民俗是某个行政区域所专有的，微观的观察也不必有坏其完整性之虞。

一个地方的民俗，隐藏着地域文化的内在和本质的结构。这个持续稳定的结构，是塑造地域文化认同的基础，而地方社会的民俗文化，是在本地乡土社会的土壤中生长的，这个土壤本身是一种历史的积淀和层累的产物。当我们要努力尝试立足于今天的番禺地域去发掘"番禺文化"的内涵时，自然把寻找其历史根基的目光，重点投到本土的乡村社会的历史上。这是我们撰写《番禺历史文化概论》的一个心思。我们很清楚，要真正概览"番禺文化"的全貌，在历史的观点上，本应以广州的城市文化为主导，从都市与乡村的互动、上下番禺乡村之间的协调、民田区和沙田区的关系着力，甚至应该把"海外番禺"也纳入视野，作一番眼界更开阔的宏大观察和叙事。然而，作为概论，前面我们提到的"大番禺"还是"小番禺"的问题更难处理。我们明白，要在概论里把已经不在今天番禺版图里的广州城厢、乡郊和大沙田区纳入一起论述，作为地方政府主持编写的这套丛书，无疑是过度越界了。我们选择了把概论聚焦在今天属于番禺区的大小箍围地区，期待能够从乡土社会的历史中，发掘番禺文化的根柢所在。我们从乡土社会历史入手探寻地方文化，并不是以为"番禺文化"只从乡村社会孕育。我们很清楚，要探究番禺地域文化的孕育，必须把以省港澳为核心的城市发展，甚至还要加上上海等近代中国的都市以及番禺人在海外的活动空间都纳入视野，从城乡互动、地方史与全球史结合的角度，才能够得到较为全面的理解。现在只能聚焦在今日的番禺辖区，也许可以基于这样一个假设，就是发生在这个地区的社会变迁，以及在这个社会变迁过程形成的地域文化认同，是一个在更广大的空间的历史过程的缩影，这个历史过程形成的文化元素，积聚在今日番禺区的城乡社会，尤其是通过番禺乡土社会中一直保存下来的生活习俗、民间信仰、乡村组织和集体机制，凝结成保存番禺文化的内核或基因的制度化因素。这个基本假设，是我们相信立足于今日番禺土地上，仍然可以在一个宏观的视野里纵览番禺文化的依据。

我在这里以编写这套丛书时如何处理番禺作为一个地理空间范畴的变化对于认识番禺文化的种种考虑为话题，真正的目的并不是要从技术层面讨论丛书编写的体例问题，也不是为为丛书各卷处理叙述的地理空间范围不能采取一个统一的标准作解释或辩解。我希望能够通过这样的交代，表达对这套丛书的其中一个主旨的理解，这个主旨就是，我们今天可以如何去认识和定义"番禺文化"？编写这套丛书是一种尝试，一种从小小的番禺区去阐发宏大的"番禺文化"的尝试。我不能说我们做得成功，但我以为需要这样去做。因为这既是一个历史的问题，更是一个现实的问题。番禺由一个广大的地区的统称，变到今日只是广州市下属的一个行政区，是否意味着"番禺文化"的消失？今日的番禺，文化建设方向何在，是逐渐成为一种狭隘的社区文化，还是一个有其深远传统和独特价值的地域文化的栖息地？这些问题，虽然要由番禺人民来回答，但我们既然承担了这套丛书的编写，也应该看成自己的一个使命。我们期待这套书能够对番禺的政府和民众有一点帮助，令他们在未来的番禺文化建设中，有更多的文化自觉和理性选择，把握本土社会的内在肌理，辨识番禺文化的遗传基因，在张开怀抱迎接现代化和都市化的时候，坚持住番禺的文化本位，守护好乡土的精神家园。番禺文化的永久存续，生生不息，发扬光大，有赖大家的努力！

刘志伟
2017 年 1 月

目 录

前　言 　　1

第一章　融汇建筑史迹的历史文化村镇和历史街区　　3
第一节　中国历史文化名镇——沙湾镇　　4
第二节　中国历史文化名村——大岭村　　7
第三节　古建筑的荟萃之地——历史街区　　10

第二章　形式多样的住宅建筑　　15
第一节　颇具特色的传统民居　　16
第二节　典雅古朴的府第园林　　34
第三节　中西合璧的住宅建筑　　42

第三章　宗族文化的灵魂——祠堂建筑　　53
第一节　祠堂的类型　　54
第二节　祠堂的规模　　54
第三节　祠堂的年代特征　　77

第四章　民间信仰的载体——庙宇建筑　85

第一节　庙宇的类型　86
第二节　庙宇的规模　88
第三节　庙宇的布局与风格　128

第五章　具有文化教育功能的建筑　129

第一节　官办教育学府——番禺学宫　130
第二节　教研功能相结合的书院　135
第三节　乡村启蒙教育机构——社学　139
第四节　民间幼儿教育场所——学塾　142
第五节　引入新式教育的小学堂　146

第六章　功能各异的防御性建筑　149

第一节　古街巷的名片——门楼　150
第二节　村落的守护者——碉楼　156
第三节　历经沧桑的城寨与烽火台　162
第四节　见证历史的海防要塞——炮台　165

第七章　其他建筑类型　169

第一节　乡村的权力机构——公局与公所　170
第二节　垂世流芳的牌坊　176
第三节　风水寓意中的塔阁　182
第四节　水乡的记忆——石桥和水埠　187

附录：番禺区建筑类各级文物保护单位一览表　195

前　言

　　番禺历史久远，早在先秦时期，岭南被称为百越地。据调查，境内地势较高的山冈台地曾发现有零星的早期夹砂陶片，年代不晚于商代晚期，表明至少在晚商之前已有先民在此聚居生息，从事着农耕与渔猎的生活。

　　公元前214年秦始皇统一岭南，番禺成为新设南海郡下属的首县。当时的番禺境域广阔，大体包括现在的珠江三角洲地区。在秦汉时期，番禺已是华南最重要的港市、海上丝绸之路的起点，司马迁在《史记》中称其为全国九大都会之一。从这时起直到民国初年，番禺一直是广东的政治、经济、文化中心；还曾经是西汉时期南越国、五代十国时期南汉国、明末时期南明小朝廷的国都。

　　经历两千多年的历史更迭，番禺的辖域虽然发生了很大的变化，但在这片过去被称为禺南的沃土上，仍保留有丰富的历史文化遗产，历代建筑就是其中的精华之一。在人类文明发展的长河中，建筑是人类文化的重要组成部分，在自然条件不同的地区，古代先民因地制宜，因材致用，不断积累经验，创造出风格各异的建筑。

　　建筑离不开建筑材料。位于石楼镇莲花山的古采石场遗址历史悠久，规模宏大，是番禺最早的与建筑相关的石材开采和加工场所；在广州象岗发现的南越文王墓地宫所选用的巨大红砂岩石料就采自莲花山，说明至少在西汉初年就已开始了对莲花山大规模的开采，直到明代和清代初期采自莲花山的石材仍被广泛地用于当地各类建筑，成为古代番禺建筑业发达的有力佐证。

　　在番禺，最早的建筑是出土于东汉砖室墓中随葬的陶屋、陶仓、陶井模型。陶屋有3种类型：第1种为长方形单间屋，正面有前廊和围栏，中间开门，悬山顶施有瓦楞；第2种为正房和侧房组合成的双间曲尺形屋，正面

中间开门,悬山顶施瓦楞,两房的后侧有矮墙围成的畜圈;第3种为正房和两边侧房组合成的三间凹字形屋,正房的中间或两侧开门,悬山式屋顶施瓦楞,两侧房后墙之间建矮墙辟为畜圈。仓的形制分2种:一种为长方形,正面中间开门,悬山顶;另一种为圆形,开一长方形门,顶部呈伞形,中心有顶饰。井的模型都是罐状井栏,部分配套有井亭,亭盖为方形,用四柱支撑,可防止污水入井。根据墓葬的规模、形制和随葬器物,可判断墓主人身份较为富有,房屋模型的墙面用横竖线条来表现梁架结构,并整体进行了一些装饰,所用建筑材料应该包括木料、砖瓦、石材等。在当时用作建材的还有土坯、夯土,以及竹、芦苇、树皮等,这些都可用于普通民居的建造,这类房屋墙壁薄,窗户多,适于南方温暖潮湿的气候。

自宋代开始,由中原各地迁居番禺的移民群体不断增加,得天独厚的自然和地理条件,加上随之而来的先进文化与生产技术,特别是到了明清时期在宗族观念和科举文化的驱动下,古村镇的发展日益完善,逐渐形成了具有浓郁地方特色的广府文化,在建筑领域表现得尤为突出。番禺现存的古代建筑基本都建造于这一时期,个别的始建年代可以追溯到明代以前。然而岁月流逝,现在看到的大都经过明、清两代多次重修或重建,尤其以清代建筑风格为主。此外,近现代建筑涉及面也比较广泛,既有传统建筑也有西式建筑,尤以中西合璧建筑颇具特色。

本书以历史文化村镇和历史街区作为开篇,再对历代建筑进行分门别类的介绍,通过对诸如住宅建筑、祠堂建筑、教育类建筑、庙宇建筑、防御性建筑、公局与公所建筑,以及牌坊、塔阁、石桥与水埠等建筑的认知,可以较为全面地了解番禺现存历代建筑的精粹。这些建筑不但可以展示番禺在木雕、石雕、砖雕、灰塑、壁画等方面的高超艺术水准。同时,透物见人,我们可以窥见彼时番禺地区的政治、经济、社会、人文风俗等方面的内容。

在漫长的历史进程中,番禺先民从个体建筑、建筑组群到乡村规划,创造了许多优秀的作品,这些智慧的结晶反映了番禺历代建筑在技术和艺术上所取得的成就,是番禺历史文化宝库中的一份珍贵遗产,让我们共同珍惜、保护好这份遗产,建设更加美好的家园。谨以此奉献给广大读者。

第一章　融汇建筑史迹的历史文化村镇和历史街区

想要了解番禺的历代建筑，首先需要对它们的载体——历史文化村镇和历史街区有基本的认识。现番禺区，曾作为历史上广州城以南的乡村区域，拥有十分丰富的历史文化史迹；由于种种原因，原来传统村镇和许多古建筑遗存受到不同程度的破坏。随着国家对历史文化遗产保护的重视，番禺逐步建立并规范了对历史文化村镇和历史文化街区的保护体系。2000年12月，沙湾镇安宁西街、石楼镇大岭村等被公布为广州市第一批历史文化保护区。依照申报历史文化名镇、名村的规定——保存文物特别丰富，历史建筑集中成片，保留着传统格局和历史风貌，能够集中反映本地区建筑的文化特色等，2005年10月，沙湾镇被公布为中国历史文化名镇；2007年5月，石楼镇大岭村被公布为中国历史文化名村；2012年5月，化龙镇潭山村被公布为广东省历史文化名村。上述历史文化保护区和历史文化名镇、名村的确定，不仅能够使保护对象的传统格局和环境风貌得到有效保护，也能使它所包含的文物古迹、历史建筑得到很好的保护和利用，这是我们大家都乐意看到的结果。

第一节　中国历史文化名镇——沙湾镇

沙湾镇位于番禺区市桥河南面、珠江水系沙湾水道的西北部,与顺德一河之隔,北与番禺中心城区相连,总面积53.72平方公里。该镇地理位置优越,水陆交通便利,自然环境优美,是历史文化内涵极为丰富的著名古镇。

沙湾古镇已有800多年历史。古时这里原是一个海湾,到宋代时沙湾北部演变成为陆地,而南部仍是浅海,再经历数百年围海造田,逐渐形成现今所见的地貌,由于这片陆地早先地处古海湾的半月形沙滩之畔,因而被称为沙湾。明代时在番禺县设沙湾巡检司(简称沙湾司)。清沿明制,当时的沙湾司管辖范围很大,包括现在的沙湾、市桥、钟村、石碁、沙头等镇(街),以及南沙区的东涌镇、榄核镇、鱼窝头镇、灵山镇的全部或部分乡村,还包括顺德区乌州、南蒲、沙亭3个村。

沙湾镇中心鸟瞰

沙湾同珠江三角洲不少村落一样，是聚族而居。各姓最早定居沙湾时，大体上是分别聚居，后来随着人口的繁衍，各姓聚居点逐渐连成一片，各姓之间的联系亦通过联姻等形式而日渐密切。沙湾多数姓氏均来自中原，宋代较早定居沙湾的有张、劳二姓，继后还有麦、苏、曹、陈等姓。到南宋时又有何、王、李、黎、赵五姓先后迁入，他们多以有耕地可以开发的地域作为定居点，并逐渐发展成为乡中大族。五大族都拥有较多的沙田，用族田的形式进行发展和兼并，其中何姓始祖何德明于南宋绍定六年（1233）在沙湾购置大量官荒田，并由广州迁入沙湾定居，大力开垦并发展农业，奠定了日后沙湾何氏族群的雄厚经济基础。到明代中叶，何氏族田面积加剧扩展，清中叶以后其族田远超乡中各族，跃升为番禺县中与石楼陈族、员岗崔族、南村邬族并称的四大望族。至民国九年（1920），沙湾何族留耕堂已拥有族田5.6万多亩，居全县之冠，称得上是珠江三角洲的巨族。这还只是祖祠的田产数，如再加上各分支宗祠，以及各坊里田产、庙产、乡公所田产和众多大、中地主的田产，结合王、李、黎、赵等各姓的族田计算，沙湾一乡的田

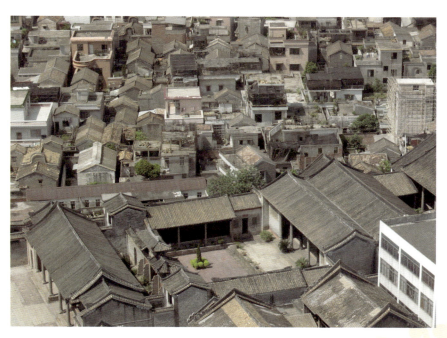

沙湾镇古建筑群

沙湾镇古建筑群局部

沙湾镇飘色

产大概已超过10万亩，这时的沙湾堪称珠三角烟火万家、富甲一方的宗族聚居之地。

现沙湾镇下辖17个村民委员会，几乎村村都有多少不一的古建筑，按文物总量来统计属于番禺区的文物大镇。尤其是沙湾古镇中心区域的古建筑群保存较好，街巷肌理清晰，古制尚存。在面积约7万平方米的中心范围内，各时期建筑基本坐向是从东北至西南呈线形分布，街巷布局以东西走向为主，如以经贸型历史街区安宁西街和车陂街为东西主线，形成多条与之平行的东西走向街巷。明清时期广府传统建筑分布其间，诸如富家高耸的镬耳大屋、小户人家的三间两廊住宅，还有祠堂、学塾、门楼、庙宇、商铺、文塔等，装饰这些古建筑的木雕、砖雕、石雕、灰塑、壁画可谓巧夺天工、琳琅满目。

沙湾古镇还是广东音乐的发源地，当地著名作曲家、演奏家何柳堂、何少霞、何与年被誉为"广东音乐何氏三杰"而名扬海内外。此外，传统民间艺术"沙湾飘色""沙坑醒狮"也闻名遐迩。2000年5月，沙湾古镇被文化部同时授予"中国民间艺术之乡""广东音乐之乡"称号。每逢佳节，沙湾都举行飘色、舞狮、舞龙、舞鳌鱼、划龙舟等民间艺术活动，古朴的民风、精湛的演技令人流连忘返，赞叹不已。

由于沙湾古镇长期保留了各历史时期的传统风貌、地方特色和民俗风情，因而具有较高的历史文化、艺术和科学价值。

第二节　中国历史文化名村——大岭村

大岭村位于石楼镇西北部，因坐落于菩山脚下，古时曾称菩山村。整座村坐东北向西南，村前有玉带河环绕，自然环境优美，是珠江三角洲典型的鱼米之乡。

大岭村历史悠久，早在宋代就已形成村落，至明嘉靖年间更名为大岭村。历经变迁，全村又分为中约、西约、上村、龙漖、社围5个自然村，总占地面积3平方公里，村落的主体是中约、西约、上村三部分，居民主要

大岭村航拍图

大岭村水口古建筑景观

大岭村古巷

有陈姓、许姓和龙漖庄姓，以陈姓居住范围最广。从番禺民田区传统的聚落形态看，大岭村的主要街道与次要街道呈交错的鱼骨状分布，又有小桥、流水、人家景观，属于典型的岭南水乡聚落类型，其背山面水的格局也体现出风水学中所说的理想环境。

现今除村内古民居保留不多外，村落的整体传统格局和历史风貌基本没有改变，村中6条主要街道和45条巷里仍保留有长条麻石路面，水口古建筑群景观，如大魁阁塔、龙津桥、接龙桥、显宗祠依然使人流连忘返。此外，村庄各处还分布有两塘公祠、大岭陈氏大宗祠、朝列大夫陈公祠、善元庄公祠、永思堂、姑婆庙、南华正道门楼、贞寿之门牌坊、菩山第一泉、"柳远堂"公禁碑、大岭堵塞川梁口碑、龙漖东炮楼、龙漖西炮楼等10多处历代建筑和文物古迹。直到现在，每逢端午，大岭村都举行龙舟竞赛活动，古朴的民风、民俗仍然存在。

科举文化的兴盛也使大岭村久负盛名，据该村现存的旗杆夹石及有关史料统计，仅大岭村陈族在明清时期就出了5名进士、17名举人、15名贡生，其中不乏官宦世家，堪称禺南科名鼎盛、文人辈出的邹鲁之乡。

大岭村还属于革命老区，有着光荣的革命传统。抗日战争爆发后的1939年，广州市区游击第二支队司令吴勤曾在显宗祠中召开村民大会动员抗日救国，发出《告珠江三角洲敌后同胞书》，提出"抗战、团结、爱民"三大口号。1940年1月，中共领导的抗日游击队又进驻大岭村开展敌后游击战。在抗日期间，先后有俊杰抗日同志社分社主任陈超等11位同志英勇牺牲。1995年，为纪念在抗日战争、解放战争、抗美援朝中牺牲的14位大岭村籍英烈，在村口小学门旁专门建立了"大岭革命烈士纪念亭"，从此成为当地的爱国主义教育基地。因此，大岭村也是一个蕴含光荣革命传统的历史文化名村。

大岭村古建筑景观

第三节　古建筑的荟萃之地——历史街区

历史街区是历史文化村镇的重要组成部分，通过历史街区所传递的各种信息，我们可以了解历史文化村镇的形式和发展过程。番禺现存留的历史街区可以分为几种类型，即以"历史文化村镇"形式保存的历史街区，传统民居与历史公共建筑组合的历史街区，以传统民居为主体的历史街区，以历史公共建筑群为主的历史街区。其中历史文化村镇中的历史街区是保存最好的一类，其街巷格局和文化景观保存较为完整，除了大量的公共建筑外，还保留有数量众多的传统民居。各种建筑类型综合展现了传统乡村的方方面面，包括祖先祭祀、民间信仰、商贸墟市、文化教育、防御设施等。

一、安宁西街

位于沙湾古镇中心区的安宁西街原属安宁市的西段。安宁市已有500多年历史，主街长510米，分东、中、西三段，在东街西部的武帝庙内保

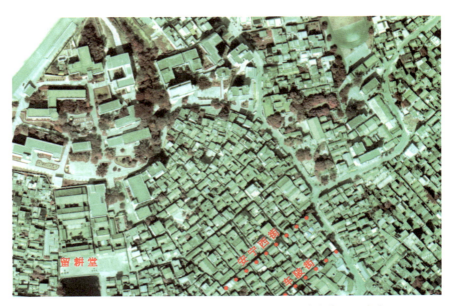

沙湾镇历史街区航拍图（注：红线为该街位置示意）

存有一方清乾隆五十六年（1791）刻制的《砌市街石碑记》碑，碑中载："安宁市乃商贾辏集之区，亦一乡往来之中道也，原百余年街石颓坏，众议重修……"由此可知，安宁市是当时沙湾乡最主要的街市，其中安宁东街长约105米，是最早形成的闹市。安宁中街长约200米，街道也最宽，曾是全市街百业兴旺的中心。由于东街和中街原貌改变较大，而安宁西街基本保留了原有街市的格局和风貌，因此西街得到了重点的保护。

安宁西街东起清水井，西至西村育才小学，全长205米。原特色是以商业经营为主，间有宗族祭祀和住宅的混合社区。全街南北共有14条街巷，北面东起有容光巷、正德巷、正大巷、进士里巷、三达巷、锦围巷、步云里巷、百岁坊巷、安和巷；南面东起为遗直门街楼巷、合巷、诚德巷、阜

第一章 融汇建筑史迹的历史文化村镇和历史街区

安宁西街俯瞰

安宁西街

安宁西街三稔厅

丰巷、接德巷。巷内大小民居，多是何族甲房、乙房的子孙所有。其中，进士里巷的巷名是由著有《广东通志》的明代学者黄佐为纪念南宋进士何起龙和明初进士何子海所题。三达巷门楼至今保存完好，门框、闸门等都还在，颇具观赏价值。遗直门街楼巷一带则是当地很有名气的清末科举人何其干的家族聚居地。

当街标志性的建筑当属10号、12号的"大中堂"，这是两座建于清末民初，彼此相连、面积颇大，具有西式装饰风格的住宅，屋主是农场主何湘。大中堂斜对面的一处住宅为"企咸厅"，主人名叫何乾珍，好书法，精医术，民国时期安宁东街著名的茶楼"富贵楼"就是他开办的。

街内还有祠堂三座，自东向西分别为三稔厅（又称为大厅，原为顾然何公祠）、福堂祖祠、永思堂。其中，三稔厅后来成为乡中何氏几代音乐家创作和演奏广东音乐的场所，现在三稔厅已作为广东音乐的发源地被公布为广州市文物保护单位进行重点保护。

西街原先经营的商铺有饼家、云吞面、缸瓦、杂货、车衣等店，还有"瓜菜墟"的叫法，即在街边摆卖蔬菜，现留存下来的老铺已不多。

二、车陂街

车陂街位于沙湾镇北村亚中坊以南,东西走向,长约250米。因最初建于猪腰岗斜坡上,被称为斜坡街,后来街道可通行车马,有钱人不断在此修建大屋,便改为车陂街,至民国时期更名车碧街,新中国成立后重新采用车陂街之名,该街以北约50米即为与之平行的安宁西街。

在明清时期,车陂街所在的亚中坊与乡内近二十个坊里相比,以富户多而出名,车陂街更是亚中坊富中之富,居住着许多名门富商,有沙湾"三街之首"的说法。车陂街的西端与东西走向的安宅里大街相连,与北面的官巷里大街、南面的滑石巷相通,形成"十"字形的通衢,沙湾人习惯称之为"十字街"。现车陂街仍保留有较好的传统风貌建筑25座,其中民居20座,祠堂5座。

车陂街北侧的建筑,自西向东首座是何厚德故居。何厚德毕业于警监学校,以小楷书法知名于乡内,并一直从事乡村教育。与此故居相邻的建筑称

车陂街俯瞰

"留春别院"，辛亥革命元老胡毅生（胡汉民的堂兄弟）曾在此暂住。该院东侧为惠岩巷，巷内有著名广东音乐家何少霞的故居；巷口的惠岩祠也因音乐而出名，当年是何少霞之父等经常聚集乡内外音乐高手交流演练的地方，现何少霞故居和惠岩祠都是广州市文物保护单位。由惠岩祠再往东是达义巷，巷内为何与瑶故居，何与瑶是南村镇余荫山房房主邬燕天的女婿，两大望族的联姻关系由此可见。达义巷以东为炽昌堂和佑启堂，都是奉祀何族九世祖先的祠堂，两祠中间相隔的小巷称"白鸽笼巷"。再往东是高瑶巷，著名广东音乐家何柳堂及何与年的故居就坐落其中。高瑶巷之东为升平人瑞巷，原巷门有道光二十年"圣旨"和"升平人瑞"石额，是为旌表巷内百岁老人何复旦而建。街最东为一座祠堂，曾是大革命时期沙湾所建农会的活动场所。

车陂街南侧的建筑，自西向东大部分是南边房屋的背墙，至东段才有公局巷通往安宁市，此巷东侧即是古沙湾乡的行政所在地——"仁让公局"，该公局是番禺现今仅存的历史最久的一座乡公所旧址。公局东侧相临车陂街南侧东端的"衍庆堂"，也是何族宗祠中的一座。

车陂街街道麻石路面完整，整体建筑群保存基本完好，建筑形制多样，种类齐全，是全区拥有历史文化内涵最为丰富的历史街区之一，具有不可多得的历史价值。

车陂街西段

车陂街东段

第二章　形式多样的住宅建筑

在历史发展过程中，番禺境域内的民田区和沙田区传统聚落因自然地理差异、地域开发不平衡、族群构成不同、外来文化等因素的影响形成不同的文化景观，特别是在建筑方面存在很大的区别。

民田区的村落，最初是聚族而居的聚居点，有的在台地中心，有的在台地边缘，有的在河涌流经处。随着族姓的繁衍生息，经济实力的不断增强，社会教化的提升，明代以来村落逐渐形成以巷里为单位、整齐划一的聚落结构。民居相互紧邻，形成齐整、横平竖直的格局，整齐通畅的巷道具有交通、通风、防火的作用。居住群周围有晒场、水塘、河涌，以及祠堂、书室、庙宇、门楼等建筑构成的公共空间，这种被学界称为"梳式布局"的聚落布局形态在番禺的古村落中普遍存在。

沙田区的村落形成都比较晚，聚落形态较为单一。居民由早先经常流动的疍民和随沙田开发逐耕而居的农户构成，渐而形成各姓杂居、相对定居的聚落。他们沿围堤和河涌搭建简朴的干栏式寮棚，这种建筑以杉木作柱，以竹作椽，以稻草、芦苇或蕉叶盖顶，用泥浆拌和稻草抹壁，也有用松、杉树皮作壁，在珠江三角洲一带一般都称之为"茅寮"。由于以上原因，沙田区形成的村落很分散，民居呈带状分布，村落中没有青砖建筑，也没有祠堂、庙宇等公共建筑，因此与民田区的村落景观有着本质的不同。

沿着时间的轨迹探寻，番禺的住宅建筑存在多种形式。其中建于清代前后的乡村传统民居是数量最多的一类，虽然在建筑规模上有所区分，但在建筑总体上普遍反映出浓郁的广府文化特色，具有典型的矮脚门、趟栊、木板大门"三件头"为门户特征，三间两廊为主体的结构布局，镬耳封火山墙为建筑造型等显著的建筑识别标志。还有建于清代和民国时期的传统府第园林建筑，以及近代带有西式风格的住宅建筑。

第一节 颇具特色的传统民居

番禺地区的传统民居建筑用于基础和墙体的材料主要有三合土、蚝壳、砖、石料等。三合土墙即夯土墙,也称"泥墙"。蚝壳墙也称"壳花墙",用这种墙砌筑的房屋具有冬暖夏凉,不积雨水,不怕虫蛀的特点,很适合岭南多雨潮湿的气候。明代以前的民居用砖较少,基础多用当地盛产的红砂岩。清代则开始多用青砖和花岗岩石料,泥墙、蚝壳墙仍有沿用。民国以后,泥墙、蚝壳墙等逐步淘汰,普遍使用青砖砌筑。这些特征,可以帮助我们对民居的年代做出较为准确的判断。

按照常见传统民居的形制和规模,大致可以将这些民居分为以下3类。

一、普通民居

(一)单间小屋

普通民居中最为简单的是没有天井等设施的硬山顶独立单间小屋,被称为"直头屋"或"盲眼屋",如在屋中以单偶墙或木板作间隔,分成前后间的叫"神后房",左右间隔的叫"一偏一正",这种屋数量不多,为较贫困的人所居住。

(二)竹筒屋

竹筒屋,通常是前后两间硬山顶砖瓦房,中间隔有天井,偶有三间房子中隔两个天井的,形似竹筒。这类形制房屋多受地形限制或因用途所需而建,如街市两旁的"前铺后房",因此多为商住用房。

(三)明字屋

明字屋为双开间,主间为厅,次间为房,厅前有天井和围墙,天井侧面有一廊或两廊,廊外侧置大门通往外面的街巷,属独立门户,适合人口少的小康人家居住。现保存较好的关良故居和黄啸侠故居都属于明字屋。

1. 东明大街十四巷1号古民居

此古民居位于石楼镇赤岗村东明大街十四巷1号，建于清代。为典型的、保存完整的明字形两间一廊民居。房屋坐北朝南，大门开在右侧面西。面阔6.23米，进深8.37米，占地面积52.15平方米。主体建筑为硬山顶，人字形山墙，碌灰筒瓦，青砖墙，红砂岩墙基。

正屋明间为厅堂，厅后墙上方有木制神楼，中间为大神位，右边为祖先位，神楼下方地面设置土地神位。

右侧稍小的次间为居室。厅堂前有花岗岩条石铺砌的天井。

天井左侧的廊用作厨房，右侧大门内嵌有砖雕神龛，上方雕刻"福寿"二字，雕工精美。大门外为凹斗门式样，红砂岩石门夹，装有旧式横闩木门，门楼檐下绘有精美壁画。

民居侧面外观

明间厅堂

关良故居外观

关良故居"天官赐福"砖雕

2. 关良故居

关良故居位于小谷围街南亭村东宁里二巷1号，建于清代晚期。大门面向西北，开于右侧。面阔6.9米，进深8.97米，占地面积61.9平方米。主体建筑为硬山顶，人字形山墙，碌灰筒瓦，青砖墙，花岗岩墙基。

房屋明间为厅堂，右侧次间为居室。

厅前天井的右侧有一口水井，对面照壁上嵌有精美的"天官赐福"砖雕，墙楣装饰一幅彩色花鸟灰塑。厨房位于天井的左侧，右廊为门房，所开大门与巷道相通，廊右壁设有砖雕神龛，凹门斗式院门，有门楼装饰。

关良（1900—1986），字良台，是我国现代著名画家，曾任浙江美术学院教授，擅长中国画，尤以戏剧人物见长。

3. 黄啸侠故居

黄啸侠故居位于石碁镇莲塘村莲塘大街十四巷8号。建于清末民初，坐北朝南。面阔9.6米，进深14.1米，占地面积135平方米。

房屋的布局与结构同关良故居相似，只是在左后侧多出一个33平方米的小园子，是黄啸侠生前练拳习武之地。20世纪70年代在天井左侧改建后的阳台上加建一间住房。

黄啸侠（1900—1981），是中国近现代著名武术家。抗日战争时期，创编出"抗日大刀法"，并亲自进行传授。新中国成立后，长期担任广州市武术协会主席和广州体育学院武术教师，参与编写《黄啸侠拳法——练手拳与练步拳》，为中国武术界留下了珍贵遗产。

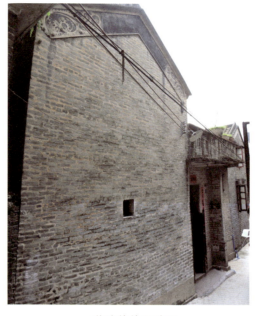

黄啸侠故居外观

明间厅堂

（四）三间两廊式民宅

按三间两廊规格建筑的民宅是番禺乡村中最普遍、最典型的标准住宅。所谓三间，即正中的明间为厅堂，两侧次间为居室，厅前是天井，天井两旁各有一廊。一廊开门与巷道相通，通常是门房；另一廊则用作厨房。天井正对面以照壁封闭，整座房屋结构对称，布局合理，平面为规矩的长方形。此类民居的门都比较讲究，门口大多作凹斗状，一般采用矮脚门、趟栊和木板大门三重安装，俗称"三件头"。这种大门结构不仅保存了居室的隐秘，又利于通风透气，既可观察门外情况，又有较好的防护功能。

此外，三间两廊民居是常见的格局，也有在此基础上进行增删的住宅。如宅基地狭窄或经济实力所限，可以减少一间一廊，实际上明字屋就属于这一类。又如有足够大的面积，可以在正厅和天井的前面再加建倒座，俗称为"对朝"，这样在三间两廊与倒座之间就形成一个小型的四合院空间。除此以外，还存在一些其他的增建变化，这些都可以如实地反映出当时中小户人家的居住状况。

1. 仁厚里3号古民居

位于小谷围街穗石村原仁厚里3号（现华南理工大学校区内）。建于清末，属于标准的三间两廊民居。房屋坐北朝南。面阔8.99米，进深9.24米，占地面积83.07平方米。主体建筑为硬山顶，人字形山墙，碌灰筒瓦，青砖墙，花岗岩墙基。

正屋明间为厅堂，其趟栊门至今仍保存完好。两侧次间为居室。居室外墙开窗，窗顶部有拱形灰塑装饰图案，具有西式风格。

厅堂前是天井，铺花岗岩石条，内有一口水井。天井对面照壁嵌"天官赐福"石雕，照壁顶端灰塑博古脊。

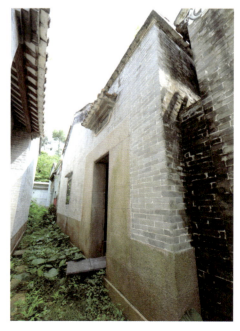

仁厚里3号古民居外观

趟栊门

天井两旁为廊，左廊是厨房，右廊为门房，大门向西通往巷道，门外上方有门檐装饰。

2. 高瑶巷11号古民居

位于沙湾镇北村的高瑶巷11号古民居，是一座与仁厚里3号古民居形制相同的晚清三间两廊民宅，特殊之处是主体建筑的内墙使用青砖，而外墙全部采用红砂岩砌筑，十分罕见。

此外，在这座民居的厅堂中仍保留有旧制的神楼布置，并配有酸枝台椅。大神位有"九位神"字画（即"九行神"），横额"金玉满堂"，对联为"宝鼎呈祥香结彩，银台报喜烛生花"。祖先位上书"王门堂上历代宗亲"，对联为"心田先祖种，福地后人耕"。土地神位上书"五方五土龙神，前后土地贵人"。类似这种家庭中的传统民间祭祀已很少见了。

3. 仁厚里4号古民居

位于小谷围街穗石村原仁厚里4号，建于清末民初。为三间两廊加建倒座的民居。坐北朝南。面阔9.05米，进深10.85米，占地面积98.19平方米。前后主体建筑为硬山顶，人字形山墙，碌灰筒瓦，青砖墙，花岗岩墙基。

正屋明间为厅堂，在后面墙壁上设置有神楼摆放神位。右侧次间为居室，

高瑶巷11号古民居外观

仁厚里4号古民居外观

"天官赐福"石雕与"独占春魁"灰塑

水井

左侧次间窄长，搭建有阁楼储物，并在右墙西端开门通往大厅神楼，方便更换供品。

厅堂前为铺设花岗岩条石的天井，对面照壁嵌有"天官赐福"石雕，墙楣装饰大幅"独占春魁"彩色灰塑，为民国丙辰年（1916）作品。

天井两侧为廊，左廊通厨房，并设有木梯通往厨房上的二层小房间。右廊为门房，分别开门通往倒座居室和外面的大门。大门向西，外部为凹斗门式样，门楼两侧樨头嵌精美砖雕，石门夹上方绘有壁画。

倒座左面房间为居室，右面房间是厨房，中间隔有小天井，天井内有一口水井。这处民居应属于"对朝"组合，在三间两廊民居中比较特殊。

4. 世北大街世芳巷 12 号古民居

位于石壁街石壁二村世北大街世芳巷 12 号。建于清代。坐北朝南。面阔 12.1 米，进深 11.9 米，占地面积 144 平方米。主体建筑为硬山顶，人字形山墙，碌灰筒瓦，青砖墙，红砂岩墙基。

正屋中间为厅堂，两侧为居室，居室木床顶部搭建有小木阁楼用于放置物品。门窗框架均为红砂岩制作。

厅堂前为天井，对面照壁"天官赐福"砖雕已失，侧面两廊墙壁开窗，装有绿釉花窗。

两廊中，右廊为厨房，左廊为门厅。门厅左侧开门通往增加的一个房间，此房北墙开有一门通外。门厅正面的大门通向南面的小院。

小院建有围墙，地面铺设条石，东头有一口水井，井旁砌有一座花坛，南侧旁边开有一小院门通外。西头为进出住宅的大门，外观为凹斗门，有门楼装饰，所安装的外层矮脚门和里面的横闩木门都保存完整。

这处三间两廊民居除增加一个房间外，还增加了南面的小院，共有 3 处门户通往外部，进出十分方便，安全性也更可靠。

故居外观

天井与两廊

12号古民居外观

"天官赐福"砖雕

二、阁楼式民居

这种中等规模的传统三间两廊民居，都是在居室内增加半层阁楼，通常在瓦顶上建有高耸的镬耳山墙，因镬耳具有隔火功能，因此也叫封火山墙。有镬耳的屋都塑正脊，分龙船脊和博古脊两种。因镬耳屋显得比普通房高大气派，人们称此类屋为"富图"。居住这类镬耳大屋的多是富户人家。

1. 明塘大街二巷4号古民居

位于大龙街明塘大街二巷4号。建于清晚期。坐西南向东北。面阔10.23米，进深8.8米，占地面积约90平方米。主体建筑为硬山顶，镬耳封火山墙，灰塑龙船脊，碌灰筒瓦，青砖墙，花岗岩墙基。

正屋明间为厅堂，两侧居室内建有半层阁楼。

厅堂前是天井，铺设花岗岩条石。对面照壁嵌有精美的"天官赐福"砖雕，照壁顶部装饰博古脊。

天井两旁为廊，左廊为储物间，开有小门通往门外小巷。右廊为厨房，并开设大门通巷道，大门石门夹上方建有门檐。镬耳山墙及外墙墙楣都装饰有黑地，线条优美的草尾灰塑图案。

2. 黎炎孟故居

位于新造镇秀发村得月街三巷5号。建于清代末期。坐西向东。面阔10.48米，进深9.19米，占地面积96.31平方米。主体建筑为硬山顶，镬耳封火山墙，灰塑龙船脊，碌灰筒瓦，青砖墙，花岗岩墙基。

正屋厅堂居中，后墙壁建有神楼。两侧居室内搭建半层阁楼。

厅堂前有天井，对面照壁顶部饰博古脊，博古脊正中和墙檐下各有一幅清代甲午年（1894）制作的彩色灰塑花鸟图。侧面两廊开有砖雕花窗。天井左侧凿有一口水井，水质清冽，至今仍可饮用。

两廊中，右廊为厨房，左廊为门房，其左侧墙壁设砖雕神龛，向北开设大门通巷道，大门趟栊保存完好，门楼顶部已改造成阳台。

黎炎孟（1904—1930），1925年参加省港大罢工，同年入广州农民运动讲习所四期学习，其间加入中国共产党，后在中山市组织领导农民运动。1927年4月12日，国民党叛变革命，屠杀共产党人，黎炎孟受组织委派组织农军武

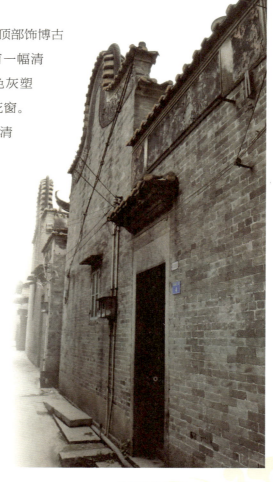

故居外观

天井照壁花鸟图灰塑

装起义,并为起义领导人之一。1928年黎炎孟因叛徒出卖被捕,1930年12月18日,在中山就义。

三、大型民居

　　大型民居都是两到三层,建筑面积多在100平方米以上,基本格局仍是三间两廊。这些多层高房基础坚固,有的基石高达首层墙身,第二层以上才砌青砖。还有的因将厅房地面建得较高,在正厅门口建"金"字形石级,称为"金字阶"。如果将住宅建成前后两楼,盘回相接,则称为"回字楼"。通常这些高层房屋的瓦面周边铺有走道,屋顶上有护墙(女儿墙),有的还在护墙和楼的侧墙二、三层处留孔,做瞭望或射击用,因此具有防御性功能。这些民居的主人一般都是当地的望族大户。

1. 村心二街横二巷 7 号古民居

位于化龙镇塘头村村心二街横二巷 7 号。建于清代。坐西向东，布局为三间两廊，另加储物间和楼梯间的两层民居，又称"敬义堂"。面阔 11.04 米，进深 8.97 米，占地面积 99 平方米。主体建筑为硬山顶，镬耳封火山墙，灰塑龙船脊，碌灰筒瓦，青砖墙，花岗岩墙基。

首层居中的厅堂外有前廊，两侧居室内搭建有半层阁楼，其右侧居室阁楼的顶部留有活动盖板可通二楼房屋。

二层同样为一厅两房，左侧居室有木楼梯通往屋顶。屋顶周边建有护墙与封火山墙连接，护墙内有阶砖铺砌的走道，首层和二层外墙的高处留有花岗岩边框长条形射击孔，具有防卫功能。

首层厅堂前为天井，对面照壁嵌"天官赐福"砖雕，其上方墙楣装饰有壁画，两侧廊墙壁开有砖雕花窗。

7 号古民居外观

大门

右廊砖雕花窗

两廊中的右廊用做厨房，右侧并排开有两扇门，左扇门通储物间，右扇通过道，过道中的南门是整座住宅通往外面的南侧门，东门通向专设的楼梯间，由此可上二层房间。左廊为门房，西墙设有神龛，右侧有一眼水井。

大门面北而开，为凹斗门，石门额的上方和两侧装饰彩塑和壁画。

2. 南约大街二巷 16 号民居

位于石碁镇凌边村南约大街二巷 16 号。建于民国五年（1916）。坐西南向西北。这座两层民居是在三间两廊的基础格局上，又在右侧加建上下两个房间和一个天井，成为四开间双天井的大型民宅。面阔 15.3 米，进深 10.48 米，占地面积约 160 平方米。主体建筑为硬山顶，镬耳封火山墙，灰塑龙船脊，碌灰筒瓦，青砖墙，花岗岩墙基。

16 号古民居外观

主厅位于四开间的第三间，两侧各有一居室，其中左侧居室内搭建木制楼梯通往二层房间。

厅前为天井，对面照壁嵌有"天官赐福"砖雕。

天井左边的廊为厨

门额顶部壁画

房，右廊内设置神龛，正面墙壁开有一小门通往户外，右门外和住宅大门之间也是一处天井，与首层第一间厅堂形成相对独立的空间。

天井右侧大门为凹斗门，门楼樨头装嵌精美的花鸟图案砖雕，门额上有民国丙辰年（1916）绘制的壁画，作者是清末民初在当地颇有名气的画家黎蒲生。

明间厅堂

居室木床

樨头砖雕

3. 前锋大街十二巷1号古民居

位于市桥街先锋社区前锋大街十二巷1号。建于清代。坐北朝南。为三间两廊加倒座，平面呈四合院布局的民宅。面阔10.35米，进深15.46米，占地面积约160平方米。

正屋的两层建筑为硬山顶，镬耳封火山墙，灰塑龙船脊，碌灰筒瓦，青砖墙，花岗岩墙基。居中的厅堂门上装有木趟栊，两侧为居室，其中左侧居室设木楼梯通往二楼3个房间，楼顶建有护墙。

与正屋以天井相隔的倒座，为面阔三间的单层建筑，硬山顶，人字形山墙。中间大厅的门上方组装精美的通花横披，厅后部中央放置神台，中间设大神位，右侧为祖先位，台下置土地神位。厅两侧为次间，以精美的木制屏门和通花横披相隔。

天井东南角有一口水井，花岗岩井台为八边形。天井两侧为廊，西廊用作厨房，东廊为门房。大门面东而开，为凹斗门，石门额上方装饰有壁画。

倒座局部

倒座次间木屏门

4. 练溪村 2 号古民居

位于小谷围原练溪村 2 号（现岭南印象园内）。建于清末。坐西向东。以主体三间两廊加倒座，北侧增加偏房，形成前后两座相对应的布局，类似"回字楼"的民宅。面阔 13.36 米，进深 15.23 米，占地面积近 200 平方米。前后两座主体建筑为硬山顶，人字形山墙，碌灰筒瓦，青砖墙，花岗岩墙基。

正屋分两层，首层居中为厅堂，两侧居室均有楼梯通往二层房间。

倒座与正屋之间有天井相隔，天井正面照壁中间有"天官赐福"彩塑，两侧开窗，窗内是倒座中的大厅。墙楣亦有大幅彩色花鸟画灰塑。

天井右侧的南廊为过廊，有门通往倒座大厅。左侧北廊为厨房，北墙开一小门，门外有小天井，天井西侧为正屋左次间外加建的柴房，东侧为储物房。

倒座分为左右两间，左间面积不大，内设木梯上二层值守房，楼顶建有护墙，此楼类似于"望楼"，具有守护功能。右间为通敞的大厅，东墙开有两扇窗，南侧向东开有大门，形制为凹斗门，门楼椽头嵌砖雕，墙楣装饰壁画。

2 号古民居倒座外观

局部屋顶

5. 聚贤里二横巷11号古民居

11号古民居外观

位于沙湾镇古坝西村聚贤里二横巷11号。建于清末。坐西向东。为三间两廊三层民居。面阔10.87米，进深10.55米，占地面积114.68平方米。主体建筑为硬山顶，镬耳封火山墙，灰塑龙船脊，碌灰筒瓦，青砖墙，红砂岩墙基。

首层厅堂居中，两侧为居室，其中左侧居室内设置木楼梯通二、三层各房及屋顶，其中三楼厅堂中间嵌有红砂岩刻制的"福禄寿"石匾。屋顶建有护墙，墙内侧铺设阶砖走道，墙身及主体建筑墙体高处均留有射击孔。

大门

照壁彩塑花鸟图

照壁"天官赐福"砖雕

厅堂门前用红砂岩条石砌筑两边可上下的"金字阶",阶前为天井,对面照壁有"天官赐福"砖雕,照壁墙楣彩塑大幅花鸟图,顶部为博古脊。

天井右侧的北廊为厨房,左侧南廊为门房,内有神龛。大门向南,形制为凹斗门,门前设石阶,石门额上部有木雕封檐板,两侧樨头嵌砖雕,门檐瓦顶上部砌墙,装饰彩塑图案,墙顶有瓦脊。整座门楼外观高大,装饰精美,颇具气势。

第二节　典雅古朴的府第园林

番禺有史以来有关园林建造的文献记载和考古发现已为我们提供了不少的线索，诸如南越国王宫御花园遗址，南汉国时期的昌华苑，以及元、明、清时期私家园林的概括描述。虽然历史的沧桑已使其中绝大部分湮灭，但我们可以从中点滴了解番禺曾经拥有的园林建造史，从现存的传统园林特色中，或许能感悟到其中传承的脉络。

番禺现存的传统府第园林遗存多属清末和民国时期，园主多为当时的士绅、官员、富商，其功能往往集祭祀、居住、读书、休闲、娱乐为一体，具有浓郁的文化和生活气息。

一、余荫山房

位于南村镇北大街。始建于清同治六年（1867），至同治十年（1871）建成，是清代举人邬彬的私家园林，为慎追先祖余泽，启迪后世福荫，取"余荫"二字作为园名，因此称为余荫山房。该园林坐北向南，临祠堂而建。占地1589平方米，素以小巧玲珑著称，是粤地四大名园之一。2001年6月，由国务院公布为全国重点文物保护单位。

园内建筑呈散点式自由布局，没有中轴线，以石拱风雨廊桥为界，划分为东西两区。东有玲珑水榭、卧瓠庐、来薰亭等；西有深柳堂，临池别馆。南侧

余荫山房正门

石砌假山与东侧小石山高低相对。园内遍植四季花木，四周以夹墙竹遮阴，各建筑以风雨廊连接，圆门、漏窗、楹联、牌匾、花坛、假山、荷池浑然一体，园中有园，景中有景，独具岭南园林特色。

山房正门向南，面宽12.45米，进深5.17米。大门为花岗岩石门夹，装有木板门，门额阴刻楷书"余荫山房"。门厅设耳房，东墙镶嵌神龛。

深柳堂在临池别馆对面，中间隔荷池。为歇山顶建筑，面宽三间12.55米，进深两间9.55米。设有前廊，明间装隔扇门，两次间下设槛墙，上置满洲窗，镶有红、蓝、白各色玻璃。堂内天花中央施浮雕蟠龙、蝠鼠藻井。明间装有透雕"松鹤延年"落地花罩，正中悬"深柳堂"木匾。两次间也设有"葡萄香狸"落地花罩。东次间镶4幅双面木刻书法条屏，刻有清代刘墉、陈恭尹、翁方纲等名人书法，裙板和四周嵌有檀木透雕纹饰。东西两内间墙上原分别嵌有16幅格扇画，已散失。深柳堂是该园木刻工艺和书法绘画最集中的所在。

临池别馆

深柳堂

深柳堂内景

玲珑水榭

虹桥

荷池上的石拱风雨廊桥，又称"虹桥"。为歇山顶，飞檐。侧面柱间装木雕花罩，正面前后挂有"浣红""跨绿"木匾。桥两侧设木格栏杆，前后连接风雨廊。

玲珑水榭矗立于环池中，是该园东侧的主要建筑，因平面呈八角形，俗称"八角厅"。卷棚歇山顶，宽深均为8.5米，周围安装有花纹图样的玻璃窗格，窗框上装有用白色蚝壳薄片镶饰的墙楣，进一步增强了厅内的采光效果。正面向东，进门两金柱间原有屏门，后金柱间装透雕"百鸟归巢"花罩，上悬"玲珑水榭"木匾。西北面也设门，两门均有桥连接池岸。

卧匏庐与深柳堂相临，硬山顶，面阔5.35米，进深8.65米，内设一厅一房，正门向东，设4幅隔扇门，裙板雕四季花卉。客厅的南面开有侧门，墙身装有一列菱形格蓝、白色玻璃窗，透过此窗可以看到窗外变幻的四季景色，可谓园中一绝。因菱形玻璃形似榄核，故又将此厅称为榄核厅。正门东侧过道可通往相邻的善言邬公祠。

来薰亭依北墙而建，立两石柱支撑半圆形亭顶，俗称"半边亭"，内设半圆石桌，配有石鼓凳。东侧有孔雀亭和小型假山。

来薰亭

瑜园

善言邬公祠

瑜园位于余荫山房的东南面，建于1922年，是邬族后人宅院，内有船厅、水池、小桥、石山等景观，因有女眷居住，又称为"小姐楼"。其中东南角的杨柳楼台，高二层，歇山顶，凭窗可俯瞰园景，楼台下开有圆月门与余荫山房相通。

善言邬公祠在园北，之间隔有通道。坐西向东，是余荫山房落成后，园主为奉祀先父而建的祠堂。主要建筑有头门、中堂（均安堂）、后寝，两侧建钟鼓楼、青云巷和廊庑。祠前有石铺地坪和风水池。

余荫山房主人邬彬，号燕天，中举后于咸丰年初在京任员外郎一职（从五品），咸丰五年（1855）加六级晋为从二品通奉大夫。后辞职返乡兴建此园，常与名士在园中雅集。

二、永思堂

位于石楼镇大岭村西约,俗称"花园",又称"朝议第"。建于清代,是清代朝议大夫陈仲良在家乡建造的宅第园林。该园坐西北向东南,分永思堂和园林式大花园两部分,面阔84.7米,进深36.3米,占地面积约3075平方米.

永思堂实际是以居住为主兼有祭祀功能的宅第,主体建筑群分三进,布局特点类似于祠堂,沿中轴线由头门、中门和两廊、后座组成。右侧还有厨房、水井、小花园等附属设施。面阔29.7米,进深36.3米,占地面积1078平方米。建筑均为硬山顶,人字形山墙,碌灰筒瓦,青砖墙,花岗岩墙基,其中头门与后座有灰塑龙船脊。

永思堂头门

月亮门

厅堂与居室

  头门为凹斗门,石门额上方悬"朝议第"木匾,两边挂木刻对联:"一经传世德,七叶绍家声。"门内设一道木屏门,两边为门厅。

  中门建有硬山顶门楼,两边砌砖墙,与头门有天井和宽敞的通道相隔,通道右侧开有两个拱门,左门通小厨房,右门进入为天井,内设"三眼井",天井右侧为大厨房。通道左侧开圆形"月亮门",通往大花园。

  由中门入内设有一道屏门,屏门后为大天井,两边建有厢房。

  后座为五开间,居中的厅堂和两侧居室均设有前廊。厅堂后墙上部建有神楼用于祭祀。居室窗扇用蚝壳片镶嵌,窗顶部有精美的木制花罩。居室外侧还有一间偏房。右偏房和右厢房的外侧辟有近200平方米的小花园。

  大花园位于宅第的左侧,长55米,宽36.3米,占地面积1997平方米。外围建有围墙。园中有达400平方米的莲池,以及爱莲轩、问月廊、小拱桥等建筑。

  爱莲轩建于莲池西南角旁边,四柱支撑,悬山顶,梁架下装饰花罩。所悬"爱莲轩"匾为陈仲良长子,进士陈泰初所书,有"道光丁未辟斯轩"落款,说明此轩为道光二十七年(1847)所建。

问月廊建在爱莲轩的北面，其匾名由举人陈维湘书写。现永思堂还留有"文魁"一匾，为光绪十七年（1891）清廷重臣耆英所书，亦为陈维湘所立。

在莲池南堤有小河与围墙外的玉带河相通，跨小河建有石拱桥。当年莲池四周曾有名贵花木30多种，现已所剩无几。

陈仲良，字希亮，号罗山，清嘉庆十三年（1808）举人，官至南阳知府、朝议大夫。其子陈泰初，进士出身，官至知府。其孙陈维岳，进士，任员外郎。从永思堂的内涵看，自陈仲良选址建宅开始，显然经历过家族几代人的多年经营，使其成为颇具规模的宅第园林。

大花园

爱莲轩

第三节 中西合璧的住宅建筑

番禺近代比较典型的西式乡村民居一般被称为"洋楼",其实许多带有西式风格的民居可以根据其结构特征、装饰风格划分为不同的类型,这些民居既有单层,也有多层。诸如对传统民居进行西式风格装饰的;将中式民居与西式风格民居灵活组合的;楼体为西式,楼顶为传统中式的;楼顶改为平顶的西式"方楼";被称为"庐"的西式别墅庭园等。

通常西式风格民居有别于传统民居的低矮、狭窄、封闭,多采用砖混结构加大楼层的高度,使内部开间高大,开窗也更多更大,以便于通风采光。楼体的外观设计和结构都比较自由,强调立面的对称,表现出浓郁的西方古典式建筑风格。在建筑材料和装饰方面,多采用进口的水泥、钢材、涂料、各色玻璃、瓷砖等,从地面的铺设,到室内外吊顶彩绘图案,再到门窗的造型和楼梯栏杆的设计等,都融入了许多西方古典及近代建筑文化的元素。

此外,西式民居多为富有人家居住,因此建筑本身也大都采取安全防卫措施,如门窗多用钢板制作,窗户外加设铁护栏,也有在门廊上开设射击孔,或在屋顶设置防御设施。

一、群园

群园位于市桥海傍路,濒临市桥河北岸。建于1941年,庭园坐北朝南,占地面积2136平方米。园内建筑群包括前楼、主楼、后楼、南楼和北楼,属中式和西式建筑风格相互组合的庭园建筑群。因该园是李辅群所建,故名"群园"。

群园外围砌有红色砖墙,院墙正门为三间四柱三楼仿古式门楼,歇山顶铺设绿色琉璃瓦,门额镶嵌大理石匾,阴刻"群园",门楼左侧有门房。另在北墙开有后门,西墙开有侧门。由正门而入不远处建有圆形金鱼池,过鱼池便是前楼。

前楼建筑占地面积220平方米,共3层。为歇山顶,置正檐斗拱,绿

第二章　形式多样的住宅建筑

群园正门

西侧门

前楼

主楼

色琉璃瓦铺顶，红色耐火砖墙，花岗岩基座。首层四周有抱厦廊，以红色圆形砖柱支撑。内部为大厅，有前后通堂门，装西式木格窗，未设楼梯。二、三楼周围有回廊，并设有围栏。

主楼建筑占地面积264平方米，分左右两座。左边3层为歇山顶，正面二、三层有西式前廊。右边2层为庑殿顶，绿琉璃瓦面。砖墙外表有黄色批荡。左楼的二层建有风雨廊通往前楼。后楼，又称炮楼，建筑占地面积160平方米，分3层。平面呈"凹"字形，平顶，红砖墙。首层有风雨走廊通主楼，二层和三层楼梯间设有铁栅门。在第三层楼的东、西、北三面都建有悬挑的角堡，开有射击孔，可以居高临下控制周围。

南楼在园中的西南角，坐西向东，建筑占地面积250平方米，为3层。平顶，砖墙，施黄色批荡。二楼架有风雨廊连接前楼，三楼也设有天桥通往前楼三层。

北楼在园中的西北角，坐西向东，建筑占地面积250平方米，为3层独立建筑，平顶，顶部周围有绿琉璃瓦飞檐，墙面局部有黄色批荡。首层正面有抱厦廊，立红色檐柱，靠北设有后门厅，由北转东可入园内。

群园建筑群设计独特，特色鲜明。各建筑间多有廊、桥相接，出入往来十分方便。门楼及主要建筑的顶部沿袭了中国传统古建风格，而在建筑外观及内部又大量融入了西式建筑艺术，如高耸的抱厦廊、圆拱形门窗、室内的彩色瓷砖地面、吊顶的装饰图案等，充分表现出中西合璧的建筑特色。从外观看，园内树木葱郁，红墙绿瓦耸立其间形似宫殿，早年园主李煜鸡被当

后楼

南楼

北楼

地人蔑称为"市桥皇帝",因此群园也称为"市桥皇宫"。

原园主李辅群(1911—1959),绰号李塱鸡,化龙镇山门人。沙匪起家,抗日战争期间投敌,曾为日伪中将参议,成为番禺最有名的汉奸,1959年在番禺市桥被公审处决。

二、敬修堂

敬修堂位于大龙街茶东村。建于1935年,主建筑外建有围墙,形成庭园,占地面积1390.8平方米。住宅建筑坐落于庭园的西侧,坐西南朝东北,面阔11.2米,进深25.6米,建筑占地面积286.7平方米。是一座在传统三间两廊基础上,增加倒座的二层砖混结构建筑,具有鲜明的中西合璧特色。

庭园砖砌围墙为不规则长方形,园门开在东墙靠北处,建中式门楼,顶铺绿色琉璃瓦,门额嵌"敬修堂"横匾。据说初建时有对联,内容为"敬老尊贤重古道,修身洁己奉良言"。园内种植花木,曾有八角亭、鱼池、假山等景观。

倒座建筑以大厅为界分为两部分,大厅外的前廊为耐火红砖砌筑,入口处立两根高大的罗马柱,二层顶部为平顶,正中有灰塑雄鹰装饰的西式山花。大厅为上下两层,外部墙体有黄色批荡,两侧为回廊。厅内靠近前

倒座正面

倒座侧面

倒座1楼大厅

彩色玻璃窗

后座正面大门

第二章 形式多样的住宅建筑

后通堂大门立有四根黄色罗马石柱，柱顶架钢构横梁。二层顶部为歇山顶，龙船脊，铺绿色琉璃筒瓦。大厅后面为通道，左侧有梯间通往二层，右侧有侧门通外。

后座的平面布局为三间两廊，均为红砖砌筑。两廊为单层平顶，其间有天井，顶部为连接前后两楼的平台，建有花格围栏。正屋前也设置前廊，入口两边共立有四根黄色罗马柱，柱顶部为二层前廊的飘台，二层前廊的顶部正中也建有灰塑山花。正屋为硬山顶、碌灰筒瓦。首层明间为神厅，厅内有楼梯通二层。两次间为居屋，二层房间也用于居住。

敬修堂外观大气，将中西式建筑艺术进行了完美的结合，其内部装饰精细，至今保存完好，是番禺现存民国时期具有代表性的庭园式住宅。

三、仁宝洋房

仁宝洋房位于沙湾镇南村汇源大街12号。建于20世纪40年代,为庭园式洋房建筑。庭园占地面积2000平方米,洋房坐落在庭园的西北角,面向西南,面阔25.2米,进深16.5米,建筑占地面积415平方米。

庭园用青砖砌筑围墙,正门向东,建有门楼,门额嵌大理石阴刻楷书"仁宝"匾,落款为"孙科题"。园中种植果木,环境宜人。在西墙临巷处另开西门。

洋房为砖混结构3层西式建筑,平顶。由并列的两幢形制外观相同的建筑组成,中间隔有3.4米宽的纵向天井。每座建筑一、二层的客厅前都有深1.4米的飘廊,内部有一厅四房和单独的梯间。二层楼顶前半部分是天台,后半部分是第

"仁宝"匾

门楼

三层建筑。廊前及整座建筑的大型窗户都安装直径为 16 毫米的钢枝作防盗之用，并安装木框玻璃窗。

该园原为乡中富商何与惠的物业，当时称"仁宝地塘"。何与惠与国民党政要胡汉民、孙科等均有交往，于孙科任广州市市长期间获得"仁宝"题字。后来将此物业转给乡中首富，"四大耕家"之一的生利农场场主何柱彬，此后开始扩展规模，大兴土木，在园中建起大型洋房。造就了这处庭园豪宅。现仁宝洋房归旅居南美的何柱彬幼弟何树享所有。

洋房

庭院

飘廊

拱形窗楣

彩色玻璃窗

四、适庐

位于化龙镇塘头村。建于民国时期，为别墅式民居。坐东南向西北，面阔10.23米，进深12.77米，占地面积130.6平方米。

楼前建有小院，院墙用淡红色石米批荡。墙身装饰通透的竹节形栏杆，正面墙居中有两柱三楼中式小门楼，顶铺绿色琉璃瓦，门额嵌"适庐"匾。园内左侧有一口水井，两边侧墙各建一花坛。

别墅为三开间，三层砖混结构建筑，外墙用石米批荡，平顶。首层大门为凹斗门，内有一厅五房，厅左侧有楼梯间。二层厅堂外设西式露台。三层仅在后部建有一厅，其余均为天台，在天台前部正中建西式山花，拱形顶，两边有罗马柱支撑，正中竖向灰塑"永树楼"3个大字。天台周围装饰绿色琉璃瓶状围栏。在各居室的窗檐上，都有西式风格的拱形窗楣，灰塑精美的花卉、动物、水果等装饰图案。

适庐

五、李家礼故居

李家礼故居位于沙湾镇龙岐村渡头。建于民国六年（1917），为沿街巷而建的西式独立建筑。由日本设计师设计。坐东朝西，面阔12.35米，进深12.19米，占地面积约150平方米。

故居高三层，为砖混结构，平顶。大门在楼的北侧，面西贴巷，门外有前廊，廊外顶部呈三连拱形，由两根工艺精湛的旋纹罗马柱支撑。大门用厚实的柚木制做，据称建房所用的门窗都是从法国进口的。

首层由大门入内为客厅，左侧有大小5个房间，分别为居室、餐厅、洗漱间、厨房，厨房右侧开门通往楼后面的小院，院中有水井。楼梯位于左侧居中。二楼结构与一楼类似，三楼左侧建有房间，右侧为天台。

大门右侧紧贴巷门楼，该门楼为青砖砌筑，花岗岩门额，硬山顶，灰塑博古脊，绿色琉璃瓦面。门额上嵌阳文"百岁坊"石匾，为广东时任省长朱庆澜于1917年5月所题。在这里，同年所建的西式洋楼与中式门楼相依相衬，形成一处鲜为人见的人文景观。

李家礼早年留学日本，与彭湃是同学。20世纪20年代任陆丰县县长，曾协助彭湃在该县创立第一个苏维埃组织。回家乡后，创建了龙津小学，并在该校挂起马克思像，倡导马克思主义。新中国成立初期，曾在广州市组织国民党革命委员会。

"百岁坊"石匾

大厅拱形窗

大厅局部装饰

"百岁坊"门楼

大门前廊罗马柱

第三章 宗族文化的灵魂——祠堂建筑

祠堂，在古时又被称为"祠庙"或"家庙"。早在商周时期就已经开始有祠庙祭祀的制度，汉代正式出现祠堂的名称，到宋代已形成比较完备的祠庙祭祀体系，明、清时期祠庙祭祀发展到了高峰。按照古代的礼仪，当时把祭祀帝王先师的叫宗庙，而祭祀公侯、先贤的则称为祠，这些宗祠都属于官庙公祠。只有同一先祖所生，具有紧密血缘和地缘关系的宗族组织为先祖所建的祠庙，才是真正意义上的祠堂。

旧时的祠堂以供设祖先的神主牌位，举行祭祖活动为最重要的功能。同时还是从事本族纂修族谱、助学育才、讨论族中事务、宣讲和执行家法族规、举行喜庆活动的重要场所。

在番禺，祠堂是数量最多的古建筑之一，据调查，新中国成立前曾有2000多座祠堂分布于各乡镇，经过第三次全国文物普查，经登记保存比较好的祠堂共有381座。这些祠堂多属于明清时期，年代跨度在数百年间，具有鲜明的广府祠堂形制特征和地域风格。祠堂的选址通常都十分注重风水，其朝向大多是经风水师勘定的特殊角度，基本原则是基地方正，负阴抱阳，背山面水，符合风水观念中的基本格局。特别祠堂前的水域，一方面是出于风水理念的设置，同时也具有实用的价值，如用于排水、防火、养鱼等。番禺乡村祠堂的分布既有相对分散的，也有相对集中的，这应该与村落的形成和发展相关联。

第一节　祠堂的类型

根据祠堂所反映的宗族谱系，可以将其划分为以下几种类型：

（1）始祖或始迁祖祠堂。一般是各宗族中等级最高的祠堂，被称为某氏大宗祠或宗祠。拥有大宗祠的宗族通常是当地的望族或实力较强的宗族，而一些开族较晚或人口少的小姓将其始祖祠称为宗祠。但这类祖祠不一定就是同宗中最早、最大的祠堂，这与不同宗族在发展过程中的实力和财力密切相关。因此，这些祖祠的始建年代既有早到元明的，也有晚到清末的。

（2）大房祠堂。由宗族中实力雄厚的房支兴建，往往是族中规模最大、建筑水平最高的祠堂，也叫作某氏宗祠。在番禺，这类先建房支祠堂，再建祖祠的情况比较普遍。

（3）祭祀先贤人物的专祠。这类祠堂中祭祀的都是各宗族在不同历史时期功名显著的官宦人物，如大龙街祭祀唐代礼部尚书的孔尚书祠、钟村街的张大夫家庙等。

（4）支房祠堂。是指始祖、始迁祖、大房以下更小的支房祠堂，一个宗族内下传的世代越多，所建的分支祠堂就可能越多，在番禺，这类祠堂的数量最多。称谓上比较多的称为公祠，也有称房祠、家祠等，从中可以区分各宗族不同支系和辈分的祖先祠堂。

第二节　祠堂的规模

在描述祠堂的规模时，一般都用路（列）、间、进的多少来衡量，按照这种标准，可以将番禺的祠堂分为大型、中型和小型三种。

这些祠堂在平面布局上都是按中轴线进行布置。中等规模以上的祠堂沿中轴线往往有水塘、广场、头门、正堂、后寝，以及两侧的廊庑、青云巷、钟鼓楼、衬祠等建筑。大多数祠堂广场为开敞型空间，可供族人聚会，举行各种庆典，也有的建翼墙和影壁，形成半封闭或封闭的空间。不少广场还立有标示族人功名的旗杆夹石。

头门的入口多以双凹肚式，以及两侧楣柱廊包台的形式出现，具有典型的广府祠堂特色。包台俗称为钓鱼台，每逢祭庆，乐师可在此奏乐。进入头门后是天井，通常用条石铺砌，两侧为廊庑，四边的屋顶形成"四水归一"之势。有些大型祠堂还在天井中建一道仪门。

天井后往往就是祠堂最大的单体建筑——正堂，这里是族人的议事中心。有的祠堂在正堂前后还加建有月台或拜亭。正堂后面隔一道天井就是后寝，里面供奉着祖先的神位，是进行祭祀的场所。有的大型祠堂在后寝两边还建有衬祠。

总体来说，番禺地区的祠堂采用严谨的中轴对称布局，对外封闭，对内开敞，使用功能井然有序，蕴含着丰富的礼制秩序。

一、大型祠堂

均为三进以上，占地面积超过1000平方米。其中以三间三进最为常见，规模扩大的还可以增加间数和进数，以及左右两路的附属建筑。如在正堂前加建拜亭和月台；正堂和头门中间增加一道仪门；将头门由三开间扩大到五开间；在头门两侧隔青云巷建钟鼓楼和衬祠；在头门前建翼墙或影壁等。其中建有仪门的祠堂一般规模都比较大。这些祠堂恢宏壮观，除大宗祠外，也有大房祠堂和先贤人物的专祠。

1. 何氏大宗祠

位于沙湾镇北村，又称留耕堂，是奉祀沙湾何族始祖何人鉴的祠堂。始建于元惠宗至元元年（1335），屡毁屡建。诸如元惠宗至正十九年（1359）毁于兵燹，明洪武二十六年（1393）重修，正统五年（1440）扩建，清康熙初年因禁海拆除。康熙二十七年（1688）开始重建，康熙三十九年

留耕堂前广场旗杆夹石

留耕堂头门

（1700）再次平基进行大规模扩建，历时17年建成五间五进大祠堂，直到雍正十二年（1734）包括衬祠在内的所有附属建筑才告完成，实际上祠堂的重建共用了34年。以后祠堂又经历过多次修缮，但仍保留了清初到清中期的主要建筑风格。祠堂坐北朝南。面阔34.1米，进深82.08米，占地面积3334.25平方米。为三路五间五进，中路主体建筑由头门、仪门、拜厅、正堂、后寝组成，左右两路建筑主要包括钟鼓楼、廊庑和衬祠。建筑主体为硬山顶，人字形封火山墙，灰塑龙船脊，碌灰筒瓦，青砖墙和蚝壳墙，红砂岩墙基。

祠堂前有当地人称为大天街的广场，广场前部竖有旗杆夹石，再往前是大池塘，池塘对面原建有影壁，已毁。

头门面阔五间，宽25.2米。前廊立6根八角形鸭屎石檐柱，前檐梁枋上有驼峰承托三攒四层木雕如意斗拱，整座头门内外的梁、枋、斗拱、驼峰全部是精湛的木雕艺术品，雕琢的内容有奇花异卉、飞禽走兽、亭台楼阁、人物故事等。前廊次间、梢间及后廊次间设有包台。大门两侧立一对抱鼓石，象征族人祖先为文官出身。门额上悬挂"何氏大宗祠"木匾，门两边原有门联，由号称"茅龙"的明代理学家陈献章（人称"白沙先生"）用茅笔书写，联文为"小宗异，大宗同，钦于世世；前人修，后人续，享之绵绵"。

头门梁架木雕

仪门

仪门为八柱三间三楼石牌坊，面阔11.05米。前后各立4根鸭屎石方柱。额枋采用高浮雕手法，雕饰龙、凤、麒麟等瑞兽，上承七攒木构如意斗拱，层层飘出，四面檐牙高挑。正楼为庑殿顶，脊顶灰塑飞龙一条，龙头回首西顾，龙尾上翘东弯，形制独特。次楼前檐为庑殿顶，后檐为歇山顶。仪门明间正面石额刻有行书"诗书世泽"四字，上款"康熙丙申（1716）蒲月吉旦重修"，下款"翰林国史检讨古冈陈献章书"。据何氏族谱记载，沙湾何族自初祖何棠至五世祖兄弟四人，在有宋一代均为饱读诗书

仪门石雕

月台石雕

的官宦，因此以"诗书世泽"予以彰显。仪门明间背面石额刻"三凤流芳"，"三凤"源于何棠、何栗、何榘兄弟三人，于北宋政和年间同中进士，当时人称"何氏三凤"。原坊门两边还悬有陈献章书写的木联："阴德远从宗祖种，心田留与子孙耕。"此联寓意深刻，成为"留耕堂"起名的由来。仪门的大门有重要活动时才打开，平时要通过牌坊两边高墙所开的券拱门进出。

正堂砖雕花窗

仪门内为面积约300平方米的大天井，左右两侧有廊庑，廊庑的后墙用蚝壳砌筑。天井的北面是由拜亭延伸出来的大型月台，为须弥座，高1.13米。正立面由15块经雕琢的鸭屎石板组成，正中一块二龙戏珠浮雕。其余分别雕有瑞狮、麒麟、骏马、麋鹿、凤凰、朱雀、喜鹊等珍禽瑞兽，并配以松、竹、梅、菊、牡丹等花木，为罕见的石雕精品。

拜厅面阔五间，宽25.20米，两侧梢间砌水磨青砖墙，并有通透的大型砖雕花窗。

正堂即"象贤堂"，与拜厅相通，两座建筑的硬山顶勾连搭建，大堂面积合约458平方米，由横向4列、纵向7列，共28根巨柱支承，木构梁架也都是精美的木雕。堂内悬挂两块木匾，靠前一块刻有楷书"大宗伯"，上款"广东行省中书参知政事郑允成为"，落款"洪武辛亥科进士何子海曾祖淳祐庚戌科进士朝散大夫太常正卿何起龙立"。何子海为留耕堂何族八世祖，明洪武四年（1371）进士。何起龙为五世祖，南宋淳祐十年（1250）进士，官至太常寺正卿。"大宗伯"最初是周朝掌礼制的长官，后为礼部尚书的别

拜厅与正堂

正堂内部

后寝

称，因南宋时的太常寺正卿职位与后代的礼部尚书相当，故为郑允成题称"大宗伯"。在"大宗伯"匾后还悬挂有贴金行书"象贤堂"横匾。象贤堂的后面以古朴的屏门相隔，经左右券拱门可达小天井。小天井在象贤堂和后寝之间，两边有廊可通往东西侧的衬祠。

后寝面阔五间，宽25.2米，面积383平方米。内有木柱、石柱16根，前设六架卷棚廊，次间和梢间以青砖墙分隔，各间设有神龛供奉先祖神位。明间正中悬挂"留耕堂"横匾，上款"康熙丙戌仲冬吉旦重修"，落款"翰林国史检讨古冈陈献章书"。说明后寝的重建完工时间是清康熙四十五年（1706）。

留耕堂恢宏壮观，远近闻名，是番禺现存规模最大的祠堂，具有很高的历史与艺术价值。

2. 陈氏宗祠

位于石楼镇石楼村西街，俗称"善世堂"，是奉祀石楼陈族六世祖陈道明的大房祠堂。据清光绪年间石楼人陈希献主修的善世堂藏版《石楼陈氏家谱》记载，陈道明为东晋建国大将军陈元德的第二十七世孙。陈元德之二十二世孙陈敏行于南宋时由南村镇坑头迁居石楼，称为石楼陈氏一世祖，陈道明是陈敏行的来孙，因此为六世组。

祠堂始建于明正德年间（1506—1520），清康熙二十二年（1683）开始重建，至雍正元年（1733）才竣工，历时41年。到乾隆三十四年（1769）再次重修，至今仍保持清早中期风格。该祠坐北朝南。面阔25米，进深104米，占地面积2600平方米。中路建筑为三间四进，由头门、仪门、正堂、后寝组成，建筑主体为硬山顶，人字形封火山墙，灰塑龙船脊，碌灰筒瓦，青砖墙，红砂岩或鸭屎石墙基。

祠堂前设有石铺地坪，再前是称为"明塘"的大池塘，是番禺祠堂所属风水池中规模最大的。

头门面阔三间，宽19米，两边加建有钟鼓楼。前廊立4根鸭屎石檐

大池塘围栏石雕

善世堂头门

头门木雕如意斗拱

柱,梁枋上承十七攒木雕如意斗拱,内外梁架木构件全部经过雕饰。前后廊次间设有包台,大门前立有一对雕狮,表示祖先武官出身。门额上有石刻"陈氏宗祠"横匾,匾两边各雕官员人物,上枋刻有97个不同字体的"寿"字,下枋浮雕"八仙贺寿图"。门两边原挂有对联,联文为"马岭云屏连北极,虎门银浪汇南离"。前后廊包台立面浮雕有各种花草禽兽图案。

仪门为四柱三间三楼石牌坊,门柱前后立抱鼓石加固,额枋遍施浮雕图案,上承木构如意斗拱,庑殿顶。明间正面横额上刻"六传光范"石匾,背面刻"星聚一庭"。六传是指六世祖陈道明,两句含义为:希望后人以先祖

头门梁架木雕

头门雕狮

仪门

为榜样,能有更多有作为的子孙在此光宗耀祖。次间墙壁为通透的砖雕花窗,在众多牌坊中别具一格。基座的立面也是精美的石雕。牌坊两边有砖砌高墙连接。各开有一拱形门洞,东门石额刻"入孝",西门刻"出弟"。

仪门与正堂之间有天井和月台相隔,月台周边砌石板围栏,栏板浮雕各种人物、动物、花鸟图案。

正堂面阔三间,宽19米,面积为313.5平方米。由石檐柱和东京木金柱撑顶,内部梁架木构件通体雕饰。两次间前墙镶嵌砖雕花窗。明间正中悬挂"善世堂"贴金木匾,这块匾是在清乾

正堂

第三章 宗族文化的灵魂——祠堂建筑

正堂"善世堂"木匾

后寝

隆年间重修时，按原明代抗倭名将戚继光题书真迹复刻。堂内原来还挂有对联"里党贵能何，和气好同春气好；乡间祈向善，善人多自吉人多"。与"善世堂"名呵成一气。正堂的后面有天井与后寝相隔，通过天井两侧的边廊可进入后寝。

后寝面阔三间，宽19米，面积为306平方米。立柱的分布和内部梁架结构与正堂类似。明间后部设置有高大的金漆红木神楼，雕饰龙凤呈祥通花图案。

善世堂不仅规模宏大，建筑内部雕梁画栋，木雕、石雕、砖雕极其精美，代表了番禺祠堂建筑最高的工艺水平。

3. 陈尚书祠

位于市桥街沙圩村西大街。又称"宝砚堂",是奉祀沙圩村陈氏始祖、户部尚书陈显的专祠。据陈氏族谱记载,陈显,字明德,号南庄,为定居坑头村的原东晋建国大将军陈元德的十九世孙,北宋元丰八年(1085)进士,先后任翰林院编修、礼部侍郎、户部尚书。夫人贾氏封一品诰命夫人。

祠堂始建于明嘉靖三十一年(1552),清代重修。坐北朝南。面阔31.22米,进深39.2米,占地面积1224平方米。为三路三间三进,中路建筑包括头门、正堂和后寝,均为硬山顶,人字形封火山墙,灰塑龙船脊,碌灰筒瓦,青砖墙,红砂岩墙基。

头门木匾

祠堂前有开阔的地坪。头门面阔三间,宽16.5米。前后廊各立4根方形花岗岩檐柱,梁架木构件均有雕饰。两廊次间设包台。大门两侧立一对石狮,门额上为阳文楷书"陈尚书祠"横匾,上款"嘉靖三十一年岁次壬子仲夏穀旦",

陈尚书祠头门

落款"益王为本府奉祠修职郎陈规先祖宋户部尚书陈显立"。益王名叫朱祐槟,是明朝成化帝朱见深之子,也是嘉靖帝的皇叔。头门与正堂之间有天井和月台,两侧是廊庑。月台建有石板围栏,栏板浮雕花卉动物图案。

正堂面阔三间,宽16.5米,面积为168.3平方米。前有两根石檐柱,内有4根坤甸圆木金柱,后金柱之间设有木屏门,顶上悬挂木刻"宝砚堂"横匾。据族谱资料记载,当年宋徽宗御赐陈显擎天宝砚一方,并御题五言诗刻于砚背,诗云:"驷马功勋戴,名留御礼乡。体存仁者寿,日有自传扬。石眼明星朗,池心洗日光。文房一铁砚,中正外端方。"该祠堂的堂名就是由此而来。正堂后面的天井铺有石阶通往后寝,天井两则有廊。

头门石雕狮

正堂

后寝

柱础

后寝的面积与正堂相同，在明间后部建红砂岩神台一座，上面有红木制作的神龛安放先祖神位。

左右路各建钟鼓楼与头门并列，之间有青云巷相隔，左巷门石额上阳刻"擎天"二字，右巷刻"洗日"，这两处用语显然同御赐宝砚有关。

二、中型祠堂

均为两进以上，建筑占地面积在400～1000平方米。这些祠堂以大房祠堂和支房祠堂为主，也有大宗祠和专祠，但由于规制所限，或与建造祠堂时财力投入有关，祠堂之间规模结构和精美程度也有差别。

1. 大宗祠

位于化龙镇山门村上街28号，是李氏宗族奉祀明代山门村开村始祖李宗礼（1359—1432）的宗祠。始建清代。坐西向东。面阔16米，进深47米，占地面积752米。祠堂三间三进，由头门、正堂、后寝组成。主体建筑均为硬山顶，人字形封火山墙，灰塑龙船脊，碌灰筒瓦，青砖墙，花岗岩墙基。

头门面阔三间，宽16米。前后廊各立4根石檐柱，次间设有石包台，明间为大门，门两边立一对抱鼓石，门额上挂横木匾，阳刻楷书"大宗祠"，上款"乾隆乙酉年阳月"，落款"杨任熙书"。乙酉年即乾隆三十年（1765），可能是该祠堂的始建年代。头门后为天井，两边有卷棚顶边廊。天井过后为正堂前的月台，步级两侧设置石板围栏。

正堂面阔三间，宽16米，面积208平方米。前立两根石檐柱，堂内有4根圆木金柱。两次间前墙有通透的砖雕花窗。堂后为天井，两侧有廊通后寝。

后寝略小于正堂，明间后部设有神龛。整座建筑装饰较为简单。

正堂

后寝

头门木匾

头门

2. 雷氏宗祠

位于钟村镇钟一村,是当地雷氏宗族的祖祠。始建于清代,清同治初年重建,宣统三年(1911)增建衬祠。坐东向西。面阔21.5米,进深30.3米,占地面积651.45平方米。为三路三间两进,由中路的头门、后寝及左右两路衬祠组成。主体建筑均为硬山顶,人字形封火山墙,碌灰筒瓦,青砖墙,花岗岩墙基。

头门正脊为灰塑龙船脊,面阔三间。前廊立4根鸭屎石八角形檐柱,梁架木构件均有雕饰,两次间设石包台。后廊立两根花岗岩方形檐柱撑顶。明间大门两边立一对抱鼓石,门额上方悬挂"雷氏宗祠"木横匾。头门后接天井,两边有廊庑。

后寝为灰塑博古脊,面阔三间。堂前建有月台,月台两侧设圆形门洞与衬祠相通。两次间外墙上开有通透琉璃砖花窗,共有2根檐柱和6根内金柱,明间靠后悬挂"龙光堂"木匾。

两侧衬祠与中路建筑相依,圆形门洞墙体的顶部也是博古脊,门洞上方嵌石匾,分别刻"词室""诗家",文化气息浓郁。由门而入经边廊、小天井可达后寝两边的衬祠。

头门抱鼓石

头门梁架木雕

第三章 宗族文化的灵魂——祠堂建筑

月台左侧"月亮门"

左侧衬祠内嵌有一方《增建南北衬祠碑记》碑,为清宣统三年(1911)立,碑文中提到了该祠的重建年代。

雷氏宗祠原为三进祠堂,原后寝不知何故毁弃,同治初年的重建其实应该是重修,即将原正堂改建为后寝,现在所看到的后寝两次间前面有砖墙和花窗,应该是部分地保留了正堂的原貌,而头门的年代特征也应早于重建年代。

后寝内部

后寝与廊庑

3. 尚义李公祠

位于化龙镇柏堂村青云里，是奉祀明初李氏柏堂房先祖李尚义（1367—1418）的支房祠堂。清道光十六年（1836）重修。坐北朝南。面阔19米，进深37米，占地面积647.5平方米。为三路三间三进，包括中路的头门、正堂、后寝，及两侧青云巷。主体建筑均为硬山顶，镬耳封火山墙，灰塑博古脊，碌灰筒瓦，青砖墙，花岗岩墙基。

头门面阔三间，宽16米。前后廊各有4根石檐柱，梁架木构件遍雕各式图案。前廊次间建有石包台，正面墙体开砖雕花窗。大门入口两侧立一对抱鼓石，门额上悬挂"尚义李公祠"木刻横匾，上款"道光十六年岁次丙申腊月重修"，落款"敕赐奉甲戌科赐进士出身敕授嘉议大夫任户部侍郎升都察院左都御史十二世侄孙嗣拜题"。头门后接天井，两侧为廊庑。

头门

头门木雕梁架、砖雕花窗

第三章 宗族文化的灵魂——祠堂建筑

边廊砖雕花窗

月台雕狮

后寝内部

正堂面阔三间，宽16米。堂前建月台，围有石栏板，两侧开八角形门通廊庑。前后檐各立4根红砂岩檐柱，堂内立有4根圆木金柱承托梁架。明间横枋正中悬挂木刻"垂德堂"横匾。正堂后面有天井，两侧为边廊通往后寝。

后寝面阔三间，宽16米。外立两根石檐柱，内有4根圆木金柱。明间后面设置神龛立祖先牌位。

两侧青云巷上部加建钟鼓楼，左巷门石额刻"天衢"，右巷刻"云路"，由巷门而入可进入廊庑。

三、小型祠堂

多为两进,建筑占地面积在 400 平方米以下。这类祠堂的数量最多,大多是支房祠堂或更小的家族祠堂。相比大中型祠堂,这些祠堂的结构和装饰就简单多了。

1. 劳氏宗祠

位于石碁镇文边村。始建于明天启元年(1621),清乾隆五十九年(1794)重建。坐东南向西北。面阔 11.7 米,进深 23.2 米,占地面积 271.44 平方米。三间两进,由头门和后寝组成。为硬山顶,镬耳封火山墙,灰塑龙船脊,碌灰筒瓦,青砖墙,红砂岩墙基。

头门面阔三间,前廊立四根红砂岩八角形檐柱,梁架木雕驼峰和斗拱,造型优美。大门装有红砂岩石门夹,门额上悬挂木刻"劳氏宗祠"横匾,上款"始建大明天启元年"。天井位于头门和后寝之间,两侧为卷棚顶边廊,左廊内镶嵌《垂裕堂置尝业碑记》碑,落款"乾隆岁次甲寅孟春吉旦"。

后寝面阔三间,内有 6 根圆木金柱托顶,两次间前墙开有拱形门洞,明间前金柱间顶部悬挂两块功名木匾,分别刻"进士"和"奉旨钦点翰林学士劳肇光"。后金柱间悬挂"垂裕堂"木匾。后寝正中设有神台。

头门

第三章 宗族文化的灵魂——祠堂建筑

头门后廊

后寝内部

后寝与天井

2. 乔翠简公祠

位于钟村镇屏山二村,属简氏支房祠堂。始建于清代。坐南朝北,面阔 8.6 米,进深 20 米,占地面积 172 平方米。三间两进,由头门和后寝组成。为硬山顶,人字形封火山墙,灰塑博古脊,碌灰筒瓦,青砖墙,花岗岩墙基。

头门为凹斗门形式,面阔三间,宽 8.6 米。大门装花岗岩石门夹,门额上刻"乔翠简公祠"。头门后接天井,两侧有廊,廊两边前檐墙上开有漏窗。

后寝面阔三间,宽 8.6 米,内有 4 根圆木金柱。两次间前檐下砌砖墙,设拱形门洞。明间前檐下装有冰裂纹木横披,后金柱间顶部悬挂"存著堂"木匾,内设神台。

头门

后寝与天井

3. 华斋朱公祠

位于石碁镇金山村朱庄大街，为规模更小的朱氏支房祠堂。始建于清光绪十五年（1889）。坐西朝东，面阔7.5米，进深16.3米，占地面积122平方米。三间两进，由头门和后寝组成。硬山顶，人字形封火山墙，碌灰筒瓦，青砖墙，花岗岩墙基。

头门为凹斗门，面阔三间，宽7.5米。花岗岩石门夹，石门额上刻"华斋朱公祠"，落款为清光绪十五年。头门后天井两侧有3.3米长的卷棚顶边廊。

后寝面阔三间，宽7.5米，寝堂内外分别有两根石檐柱和圆木金柱。明间后设神龛放置祖先牌位。

头门

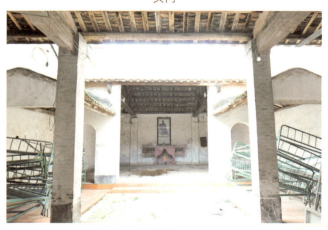

后寝

4. 恩母祠

位于化龙镇水门村，为李氏宗祠的左路衬祠，是专为纪念李氏宗族恩母夏氏而建。始建于清代。坐东南朝西北，面阔4.76米，进深10.66米，占地面积50.74平方米。一间两进，由头门和后寝组成。硬山顶，人字形山墙，碌灰筒瓦，青砖墙，花岗岩墙基。

头门面阔一间，宽4.76米，花岗岩石门夹，石额上刻"恩母祠"。头门后为天井，两侧有单坡顶边廊。后寝面阔一间，宽4.76米，两侧前檐墙有砖雕花窗。内设供奉恩母夏氏的牌位。

在番禺为纪念一女性而建专祠绝无仅有，该祠规模虽小，对了解当地奉行传统孝道具有特殊的价值。

头门

两廊与后寝

第三节　祠堂的年代特征

从番禺现存祠堂的建造年代来看,始建于宋元时期的祠堂已不存在。清初的迁海政策又使明代许多祠堂毁于一旦,保留下来的早期祠堂都经历过多次重修,留下了新旧叠加的痕迹。清代和民国时期建造的祠堂最多,风格也最为鲜明,我们可以通过祠堂的建筑布局、建筑风格、建筑材料,客观地对祠堂的年代做出判断。

一、明代风格为主的祠堂

始建于明代保留至今的祠堂数量很少,而且难以看到祠堂的全貌,不过通过为数不多的实例,还是可以大致了解明代祠堂与清代以后祠堂的区别,以及对后来祠堂所产生的影响。

如位于化龙镇塘头村的后山黄公祠,建于明崇祯元年(1628),是有明确纪年的明代晚期祠堂。这座祠堂原为三间两进,后寝已塌毁,现仅存首进牌楼式头门,整体保存完整,为砖石结构,面阔27米。头门的中间部分类似于四柱三间三楼牌坊,单檐歇山顶,碌灰筒瓦。明间

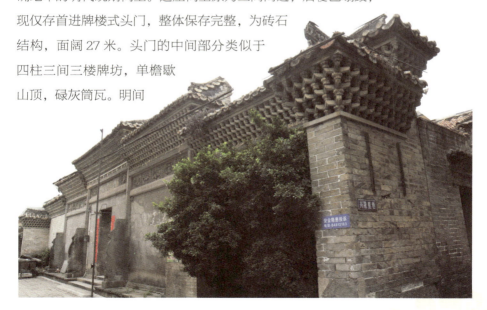

后山黄公祠牌坊

和次间用鸭屎石砌墙，四柱前后贴立抱鼓石。明间正中开双扇大门，门顶额枋间嵌石匾，阳刻"后山黄公祠"，上款"崇祯元年季夏立"，落款"南海林□□"。次间额枋之间镶嵌由瑞兽、花卉组合成的石刻浮雕。额枋之上为层层外飘的砖雕如意斗拱。连接次间的水磨青砖墙和两侧翼墙顶部同样是砖雕

牌坊石雕

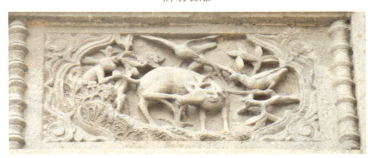

牌坊石雕

牌坊大门砖雕如意斗拱

第三章 宗族文化的灵魂——祠堂建筑

崔氏宗祠后寝

如意斗拱和歇山顶。整座头门自翼墙起层层拔高，错落有致，尤显高大阔伟，气势非凡。

还有位于南村镇员岗村的崔氏宗祠，据族谱记载，这座祠堂自明景泰年间（1450—1457）开始建造，到明万历三年（1575）全部建成，已知最早的重修记录是清康熙二十年（1681）。原祠堂建筑为三间三进，中轴线上依次有照壁、头门、正堂、后寝，现仅存后寝（昌大堂）。后寝面阔三间，宽13.9米，进深11.6米，占地面积161平方米。青砖砌筑，屋顶为番禺祠堂中罕见的悬山顶，建筑的基础和前檐柱均为红砂岩，还有部分被拆下的红砂岩龙纹、莲枝纹石雕栏板也具有明代特征。在原祠堂头门的左侧，还有座据说是祠堂的附属建筑"丛桂坊"，又名"博陵石坊"，在这座牌坊额枋上的两重砖雕如意斗拱也是典型的明代风格。"博陵"是崔姓南迁前的郡名，表明牌坊与祠堂之间的关系。

后寝"昌大堂"牌匾

后寝内部

丛桂坊

通过以上祠堂所反映的情况,可将番禺明代祠堂的一些特征大致概括为以下几方面:在建筑布局方面,都是沿中轴线布局,头门的两侧建有翼墙,对面有照壁;在建筑风格方面,主体建筑的屋顶为悬山顶;在梁架形式上,以插腰抬梁为主要的早期结构特点;砖雕如意斗拱的设计独到,工艺成熟;石雕作品憨态可掬,风格古朴;在建筑材料方面,除用青砖外,大量使用红砂岩、鸭屎石用于建筑的基础和各种石构件、石雕件。

二、清早中期风格为主的祠堂

这类祠堂大多始建于明代甚至更早，但由于清初受迁海影响而遭到拆毁或弃用，直到康熙年间海禁解除后才陆续开始在原址重建或重修，此外也有雍正、乾隆年间落成的祠堂。因此这一时期的祠堂即承袭明代遗风，又有清初和清中叶祠堂建筑的时代风格。

在建筑布局方面，无论规模大小都是沿中轴线布局，不少大中型祠堂为广三路建筑。其中也有不少在头门两侧建有翼墙，或在对面建照壁，如前文介绍过的沙湾何氏大宗祠、石楼陈氏宗祠等都属于这一时期，显然是延续了明代的祠堂建筑布局特点。

在建筑风格方面，主体建筑的屋顶已不见悬山顶，而是改为硬山顶，屋的正脊多为龙船脊。梁架形式基本采用插腰抬梁、穿斗混合结构，楣梁多为木直梁。最显著的特点是，在檐枋上往往有以驼峰承托的多攒木雕如意斗拱，驼峰上均雕刻有精美的人物、动物、花卉等图案，成为番禺清代早中期祠堂特有的风格，而木雕如意斗拱明显表现出与明代的承袭关系。

比如，在南村镇板桥村黎氏宗祠后寝中，设置有一座木结构三间四柱三

黎氏宗祠头门

黎氏宗祠仪门

黎氏宗祠两廊与正堂

黎氏宗祠后寝木雕神楼

楼牌坊式神楼，歇山顶，梁架采用月梁，斗拱施单抄双下昂六铺作，其构建风格也明显具有明代的特点，为了解明末清初同类建筑提供了实物，这座神楼历经数百年保存至今，十分珍贵。

在建筑材料方面，除使用青砖外，也使用蚝壳砌筑墙体。建筑的基础和石构件、石雕件仍然以红砂岩、鸭屎石为主。

三、清晚期风格为主的祠堂

这一时期的祠堂主要包括清同治、光绪年间建成,以及在此期间进行重建或大规模重修的祠堂,具有显著的晚期风格。

在建筑布局方面,基本沿袭了传统布局,但头门两侧的翼墙已少见。

在建筑风格方面,屋顶两侧多采用人字形或镬耳封火山墙,正脊多为灰塑博古脊,也有部分建筑保留龙船脊。梁架形式基本采用穿柱插梁式结构,楣梁多用花岗岩虾公梁。壁画的数量和内容大幅增加,多绘于主体建筑和廊庑的墙楣上。祠堂内的仪门除传统庑殿顶外,开始出现冲天式顶。

在建筑材料方面,大量使用青砖砌筑墙体,建筑基础及石构件,石雕件基本改用花岗岩。

四、民国时期的祠堂

民国时期起建的祠堂与晚清祠堂区别不大,建筑风格上仅有局部的变化,最有特点的是屋脊开始流行陶塑博古脊,屋檐多使用琉璃瓦当,一些建

蔡氏大宗祠头门

筑的花窗也使用琉璃件，有些壁画或灰塑也反映出民国时期的内容。如位于东环街蔡边一村的蔡氏大宗祠，始建于民国十二年（1923），祠堂头门的正脊即为高大精美的陶塑博古脊，正堂中悬挂有民国著名文化人士、教育学家蔡元培书写的"光裕堂"牌匾，是一座典型的民国时期大型祠堂。

后寝神龛

正堂

第四章　民间信仰的载体——庙宇建筑

在人们眼里，庙宇这个称呼包含的内容比较宽泛，大凡庙观寺庵都被视为庙宇，其实这些称谓是有区别的，它们的起源和发展同中国古代社会的民间信仰以及宗教的产生密切相关。庙是受信众供养和祭拜鬼神的地方，如皇帝祭祖的地方叫太庙，百姓祭祖的场所叫家庙（即祠堂）。观是供奉道教众神和道家修行的所在。寺是佛教传入中国后才有的，通常被称为佛寺，僧人们在此进行讲经和修身。庵是佛教中供奉佛陀和菩萨的地方，只是在里面修行的都被称为尼姑的女性信徒。此外还有一些称为宫、殿、阁、府的庙宇，所供奉的也不外乎佛、道人物，或是被神化的人物，所以我们可以根据所供奉的对象来区分它们的属性。

在番禺历代建筑中庙宇也是数量较多的一类，据1988年文物调查所做的统计，曾有668座各种庙观寺庵分布在全境，几乎村村都有数量不等的各类庙宇，现保存较好登记为各级文物的有67座，绝大多数都属于公共建筑。这些庙宇的选址同样也注重风水，通常都位于村落出入重地或村中的旺地，如能就近依山而建则是最好的选择。

第一节　番禺庙宇的类型

番禺地区的庙宇建筑与民间信仰密切相关，对这些庙宇供奉的对象进行统计，所祭拜的神明多达30余个。即有单独祭拜的神明，也有一庙中祭拜多个不同的神明，可以通过庙名和神明所在的位置分出主次。充分体现出多神崇拜的特点和浓郁的民间色彩。在以下多种类型的庙宇中，根据奉祀对象及所在庙宇的数量，大体可以看出哪些类型的庙宇最为人们推崇和膜拜，还有哪些神明的庙宇涵盖在当地的民间信仰中。

1. 与水神相关的庙宇

番禺地处珠江出海口，境内水网密布，自古以来当地居民的生产和生活就与水紧密关联，寻求诸水神的庇佑至关重要。依托水神文化的影响，他们十分热衷于对天后、北帝、洪圣的祭拜。在番禺，这类庙宇的分布最广，数量也最多。如供奉天后的庙宇有天后宫、圣母宫、傍江大庙、先锋古庙等；供奉北帝的庙宇有北帝祠、玉虚宫、万寿宫、北极殿等；供奉洪圣的庙宇有洪圣庙、圣王庙等。

2. 与功名禄位相关的庙宇

这类庙宇的数量也较多，供奉的对象主要是文昌和关帝。其中既有单一供奉文昌的文昌阁，以及供奉关帝的武帝庙、关帝庙、鼎龙堂；也有将二者合供的文武庙、灵蟠庙；还有把文昌、关帝、北帝一同供奉的三圣宫、三圣公王古庙、聚龙庙、聚龙堂等。体现出当地民众崇尚忠勇仁义，追求功名禄位的精神世界。

3. 与佛教信仰相关的庙宇

在番禺，这种中国传统的、大众化的信仰，特别是以观音菩萨为代表的佛教信仰也十分普及。人们取信观音的慈悲和智慧，因此奉祀观音的庙宇也不少，诸如观音庙、观音堂、长生庙、潮音阁、水月宫、鳌山古庙、眉山寺等都是主祀观音的庙宇。

4. 与忠臣廉吏相关的庙宇

此类庙宇奉祀的主要对象是包公和康公。包公是廉明公正的象征，在当地同样具有很大的影响力，人们为其建造的庙宇有包相府、包丞相庙等。康公因其忠烈，被人们视为保护神，在番禺不少村镇都保留有祭拜他的庙宇，如康公庙、主帅庙、康帅庙等，说明当地对康公崇拜还是比较广泛的。此外，还有专为南宋末年勇将车工而建的车工庙，以及为同时期忠臣杨亮节所建的侯王庙，还有纪念清初广东巡抚王来任的庙宇，如报恩祠、恩复祠等。

5. 与火神相关的庙宇

这类庙宇所供奉的是华光大帝，在民间人们将其视为火神，因此早就有"乡人事赤帝以消火灾"的说法，在当地也是较有影响的神祇。现存奉祀华光大帝的庙宇有华光古庙、华光庙、华帝古庙、华帝庙。

6. 与其他神明相关的庙宇

这类庙宇的数量虽然不多，但涉及面很广。如有供奉农耕鼻祖神农氏的神农古庙；供奉工匠始祖鲁班的先师古庙、北城侯庙；供奉神医华佗的洪福阁；供奉送子娘娘金花圣母的金花庙；供奉土地神和谷神的社稷神庙，供奉财神爷的财神庙；还有供奉道教八仙之一吕洞宾的吕祖庙；供奉据说是唐代金顺将军的金顺庙；供奉元代乌利大将军的小石庙；以及供奉当地民间俗神的简佛祖庙等。这些庙宇有的与民众的日常生活息息相关，也有一部分是通过对一些神明的崇拜，传达出人性向善的理念。

7. 与动物崇拜相关的庙宇

这类庙宇比较特殊，由动物帮助当地人消灾解难的传说演变而来。现存的庙宇有蟾蜍仙庙，还有一座1959年被拆毁的猫咪庙，所供奉的石猫现安置于新建的庙内。

第二节　庙宇的规模

根据番禺庙宇建筑的规模差异，可将这些庙宇分为大型、中型、小型、微型四类，其中中型、小型庙宇最为普遍。

一、大型庙宇（群）

占地面积400平方米以上的大型庙宇，这类庙宇很少。前面介绍过的番禺学宫也称孔庙，其建筑群主要部分是用于祭祀，因此也可以将其视为大型庙宇。素以粤中四大名寺闻名的南村镇海云寺也曾是大型寺庙，惜于20世纪40年代被拆毁。在现存庙宇中，可以将由数座庙宇组合而成，并具有一定规模的古庙群归为大型庙宇（群）。

（一）鳌山古庙群

位于沙湾镇三善村南村口原居安里，是番禺保存最好、建筑规模最大的古庙群。该庙群坐东向西，东靠鳌山，西面过去是广阔的稻田和大洲海。由明代至清代，逐渐形成现在的规模，清光绪年间有重修和扩建的记录。庙群

鳌山古庙群

自北而南并列，依次是潮音阁、报恩祠、鳌山古庙、社稷神庙、先锋古庙、神农古庙共六座，占地面积为2240.3平方米。

位置居中的报恩祠、鳌山古庙、社稷神庙前建有1.56米高的红砂岩平台，以花岗岩条石铺面，周边设有望柱栏板，正对鳌山古庙的平台入口处设"金"字形石阶，入口两边花岗岩望柱顶部雕有小石狮，南柱刻有"光绪元年岁在乙亥"，北柱刻"淋恩其旋堂敬送"，记录了庙群的重修时间。

1. 报恩祠

该祠是纪念清初巡抚王来任的专庙。始建于清康熙年间。面阔4.22米，进深10.24米，占地面积43.30平方米。一间两进，由山门和后殿组成。为硬山顶，人字形封火山墙，灰塑博古脊，碌灰筒瓦，青砖墙，红砂岩墙基。

山门面阔一间，宽4.22米。为凹斗门，中间装有花岗岩石门夹，石门额阳刻"报恩祠"。墙楣绘有大幅壁画，两侧樨头镶嵌有人物造型砖雕。山门入内有石铺天井，两侧为围墙。

后殿面阔一间，宽4.22米。入口两边前墙各有一砖雕花窗。殿内现已空置。

清康熙初年为防御郑成功而实施海禁，受迁界令影响，居民生活受到严重打击。王来任上任广东巡抚后，上疏力陈迁海之弊，主张解禁复民。康熙八年（1669）终于解禁，百姓如获再生。王来任去世后，百姓为感恩他为民请命，恢复生息，纷纷建祠立庙祭祀这位好官。

报恩祠

2.鳌山古庙

当地也称之为观音庙,是庙群中规模最大的主庙。据村民们说,此庙在明代就已建成。庙面阔12.5米,进深21.27米,占地面积266平方米。为三间两进,由山门和后殿组成。两进建筑均为硬山顶,马鞍形封火山墙,灰塑博古脊,碌灰筒瓦,青砖墙,红砂岩墙基。

山门面阔三间,宽12.5米。前廊立2根花岗岩檐柱,挑头装饰人物石雕,两边侧墙檩头嵌有精美砖雕。大门有花岗岩石门夹,石额阴刻"鳌山古庙",两边框刻有对联:"鳌阳永结香灯社,蜃海平环水月台。"意思是说此庙坐落在鳌山之阳,面对大洲海,形容庙宇的优美环境和香火的长明不熄。庙前的平台叫作水月台。山门之后的天井有石砌的放生池。

后殿面阔三间,宽12.5米。殿内梁架、驼墩、斗拱均有雕饰。墙楣装饰壁画。殿中供奉着观音。

鳌山古庙

观音即观世音菩萨的简称，在佛教中观音是慈悲和智慧的象征，民间对观音的信仰是相信她具有平等无私的广大悲愿，当众生遇到任何的困难和苦病，如能至诚称念观世音菩萨，就会得到菩萨的救助。这就是在佛教的众多佛陀中，观世音菩萨能够最为民间所熟知和信仰的原因。

鳌山古庙后殿

3. 社稷神庙

社稷神庙俗称"社公"，建于清代。面阔3.5米，进深18.2米，占地面积63.7平方米。由入口处的门楼和院内的祭坛组成。

门楼为硬山顶，灰塑博古脊，碌灰筒瓦，青砖墙。砌花岗岩石门框，门额之上镶嵌石匾，阴刻"社道"二字。院内靠近后墙原设有祭坛供奉社稷之神。

社稷是土地神和谷神的总称，这两种神是以农为本的中华民族最重要的原始崇拜对象。古时的君主为了祈求国事太平，五谷丰登，每年都要祭祀土地神和谷神，后来社稷也就成了国家的象征。

社稷神庙

4. 先师古庙

俗称"鲁班庙",建于清代。面阔5.18米,进深18.2米,占地面积105.74平方米。为一间三进,由拜亭、山门、后殿组成。主体建筑为硬山顶、人字形封火山墙,山门和后殿顶部灰塑博古脊,碌灰筒瓦,青砖墙,花岗岩墙基。

拜亭面阔一间,宽5.18米。正面无门,开有方形大窗,通过右侧的社稷神庙可入内。拜亭内部墙楣上有里人老粹溪于民国十五年(1926)绘制的人物、山水、花鸟壁画,画面清晰,画功十分精湛。估计这一年又对古庙进行了重修。

山门面阔一间,宽5.18米。凹斗门,其前檐顶部与拜亭后檐顶部之间搭建有卷棚顶,可遮挡风雨。大门有花岗岩石门夹,石额阴刻"先师古庙",墙楣正中和侧面有老粹溪所绘的《醉中八仙图》《太师少师图》等。由山门入内有天井。

后殿面阔一间,宽5.18米。殿内砌有神台,居中供奉鲁班坐像,两边为手握规、矩、斧、尺的匠人塑像。

先师古庙拜亭

先师古庙山门

《醉中八仙图》壁画

鲁班（前507—前444），春秋战国时期人，他的发明创造很多，被誉为"百工圣祖"，更被历代土木工匠们尊为祖师。在历史上，沙湾镇素以发达的建筑行业而闻名，三善村居民也有操持建筑行业的传统，出于对先师鲁班的敬仰，在当地建一座鲁班庙也就不足为奇了。

先师古庙后殿

5. 神农古庙

这座庙与先师古庙仅隔一道防火墙，也是清代所建。面阔5.72米，进深25.11米，占地面积143.60平方米。为单间三进，由拜亭、山门、后殿组成。二进山门和三进后殿均为硬山顶，马鞍形封火山墙，灰塑博古脊，碌灰筒瓦，青砖墙，花岗岩墙基。

拜亭为歇山顶方亭，建于石砌基座上，入口有石级，由4根方形花岗岩立柱支承雕花木梁架。在高约7米的前立柱上刻有对联"耕稼启专书，廿卷艺文留汉志；馨香隆上古，千秋耒耜利农功"，落款"光绪丙申仲冬吉旦""和来社等

神农古庙拜亭与山门

神农塑像

同敬送"。此联充分表达出对神农氏对古代农业所做贡献的赞颂,通过对神农氏的祭拜,祈求农业取得好的收成。从落款年代以及拜亭与山门的连接情况看,这座拜亭应是重修古庙时增建的。

山门面阔一间,宽6.82米。为凹斗门,前檐与拜亭的后檐相叠。石门夹横额阴刻"神农古庙",墙楣上有老粹溪于光绪二十二年(1896)所绘人物、山水、花鸟画数幅,正中一幅为《夜宴桃李园》,是按李白《春夜宴桃李园序》文意绘制。这些画作比相邻的先师古庙壁画早30年,而且是同一作家所绘,十分难得。同时壁画的年款也印证了此庙的重修过程。

后殿面阔一间,宽6.82米。殿内供奉神农塑像。

神农氏是中国上古时期的部落联盟首领,有关他的传说很多,如遍尝百草,发明了农业、医药、茶叶,由于这些重要贡献,被世人尊称为"药王""五谷王""五谷先帝""神农大帝"等,成为掌管农业和医药的神祇。番禺自古以来就以农业生产为主要生活方式,农作物的收成对生活在这里的人们非常重要,这就是人们对神农氏崇拜的原因所在。

《夜宴桃李园》壁画

潮音阁山门

6. 潮音阁

潮音阁也是一座始建于清代的庙宇，20世纪90年代由村中迁建于现址，基本保持了原貌。面阔5.53米，进深15.57米，占地面积86平方米。一间二进，由山门和后殿组成。两进均为硬山顶，马鞍形封火山墙，灰塑博古脊，碌灰筒瓦，青砖墙，花岗岩墙基。

山门面阔一间，宽5.53米。凹斗门，有花岗岩石门夹，石额阴刻"潮音阁"，墙楣绘有人物、山水壁画，檩头嵌砖雕。山门后为天井，两侧有廊。

后殿面阔一间，宽5.53米。殿内供奉观世音菩萨。

（二）官涌古庙群

位于石碁镇官涌村武陵街。该庙群坐北朝南。由东向西并排而列，依次为长生庙、华帝古庙、金花庙，占地面积418平方米，规模仅次于鳌山古庙群。三座古庙内共有明崇祯至清光绪的重修和迁建碑11方，从中可了解三庙均建于明代，清嘉庆五年（1800）由别处迁到现址，咸丰十一年（1861）、光绪元年（1875）分别进行过重修。

官涌古庙群

1. 华帝古庙

位置居中的华帝古庙,俗称"大庙",是该庙群中的主庙。面阔9.2米,进深19.1米,占地面积175.72平方米。三间两进,由山门和后殿组成。两进建筑均为硬山顶,马鞍形封火山墙,灰塑博古脊,碌灰筒瓦,青砖墙,花岗岩墙基。

山门面阔三间,宽9.2米,前廊立2根花岗岩方檐柱,次间虾公梁上以雕狮做驼峰,上有石雕异形斗拱,墙楣绘有壁画。明间大门装有花岗岩石门夹,石额阴刻"华帝古庙",上款"光绪元年仲冬穀旦"。两边框刻对联"光显三台权司火德,福延七约运启文明"。三台是指庙中供奉的三位神明,而权司火德意思是说其中所祭拜的主神是华帝。山门后有天井连接后殿。

华帝古庙

后殿面阔三间，宽 9.2 米。2 根前檐柱和 4 根金柱均为主柱，墙楣绘有壁画。明间后部设有 3 个神龛，正中主龛供奉神像以华帝居中、左为文昌、右为关帝。左侧神龛供劝善大师神像，右侧神龛供天后娘娘神像。

华帝即华光大帝，又称华光尊皇、华光天王、灵官马元帅、马天君等。相传他本名马灵耀，生有三只眼，分别为火之精、火之灵、火之阳，因此又称为"三眼灵光"。他是道教中的护法四圣之一，尤其善用火，所以在民间把他视为火神进行奉祀，以免除火灾之患。

《叱石成羊》壁画

后殿

2. 长生庙

又称"医灵庙"。面阔5.6米，进深17.6米，占地面积98.6平方米。一间两进，由山门和后殿组成。为硬山顶，马鞍形封火山墙，灰塑博古脊，碌灰筒瓦，青砖墙，花岗岩墙基。

山门面阔一间，宽5.6米。为凹斗门，花岗岩石门夹横额上方嵌石匾，阴刻"长生庙"。两边框刻有对联"保护群生登寿宇，调和六气赖恩波"。向人们传达庙中众神对信众长生的护佑。山门与后殿之间有天井。

后殿面阔一间，宽5.6米。殿内神龛供奉有5位神明，居中者为医灵大帝，左侧依次是包公、华佗，右侧依次是洪圣、龙母。

长生庙

后殿

3. 金花庙

是专门供奉金花娘娘的庙宇。面阔4.4米，进深17米，占地面积74.8平方米。布局结构与长生庙相似。

山门石门夹上方石匾阴刻"金花庙"，边框刻对联"多男本自经灵降；丕富从来有主司"。意思大概是说多子和富贵从来都是有神相助的。在墙楣的正中绘有一幅花鸟壁画。

后殿内设有神龛供奉有五尊神像，居中为金花娘娘，左侧为太岁、车公，右侧为禾花（主婚姻的神祇）、财神。

金花娘娘，又称金花夫人、金花圣母。她是我国粤、桂、甘、鄂、浙等地汉族民间信奉的生育女神，类似于送子娘娘。有关金花娘娘的传说，屈大均在《广东新语》中曾提到，金花是广东的女巫师，一次在端午节观看龙舟竞渡时溺死，但尸体数日不腐，还有异香，接下来湖中浮现出一块木头雕像，神似金花。于是雕像被人们所膜拜，金花也被视为神明，因为求子很灵验，就被尊为送子娘娘。现番禺金花庙仅存一座，因此极具价值。

金花庙

庙内

（三）眉山寺

位于市桥街道黄编村村口。寺庙背靠一座山岗，坐南朝北。始建于明正德元年（1506）。据庙内现存6方重修碑所载，该庙于清康熙三年（1664）因海禁一度荒废，康熙六十年（1721）重修，此后又于乾隆三十年（1765）、嘉庆七年（1802）、嘉庆十六年（1811）、同治十二年（1873）、民国二十四年（1935）多次重修。庙宇建筑群总面阔29.84米，最大进深20.47米，占地面积约503平方米。由中路主体建筑和东西两侧属附建筑组成。

中路两进建筑主要包括山门和主殿，均为硬山顶，人字形封火山墙，灰塑博古脊，碌灰筒瓦，青砖墙，花岗岩墙基。

眉山寺

主殿

龙泉古井

山门面阔三间，宽 10.4 米。为凹斗门，石门夹顶部嵌石匾，阴刻"眉山寺"，明间墙楣绘有壁画，两次间墙楣各有一幅彩色灰塑花鸟图。山门入内为天井，两侧有边廊通主殿。

主殿面阔三间，宽 10.4 米。殿内立有 6 根圆木金柱支撑木构梁架。明间前檐下悬挂木匾书有"大雄宝殿"，内设神龛供奉观音像。

山门东侧隔有 1.69 米宽的巷道，巷口建小门楼可通外，门额嵌有花岗岩石匾，阴刻"白石书山"。小巷东面有一面阔 8.8 米的偏房，设有前廊。据重修碑记所载，康熙六十年重修眉山寺时，在此房为广东巡抚王来任立木主（即木雕像），岁岁祭祀，使其成为眉山寺内纪念王来任的报恩祠。

山门西侧还有两座前后相对的禅房，南房面阔三间，宽 6.28 米，北房分为四间，宽 8.92 米，之间以天井相隔，四周绕有回廊。

禅房小院的西墙有门通往寺外庭院，院内还保留有一株百年菩提树，树旁有一口水井，称"龙泉古井"。此处景致更加衬托出古寺的优美环境。

据清乾隆三十九年（1774）版《番禺县志·寺观》记载："眉山寺在沙湾黄编村，正德元年训导苏瑄建青龙庙在沙湾乡，依岩结盈，台殿巍峨□□师曾驻锡于此，题目'大海慈航'。"据此可知该寺是由苏东坡的后裔苏瑄于明正德元年（1506）所建，最初叫青龙庙，因苏东坡原籍是眉山，后更名为眉山寺。而大海慈航所指的就是南海观音，直到现在供奉的主神依然是观音菩萨。此外，该寺也曾做过读书的场所，是过去黄编十景之一"白石书山"的旧址。

二、中型庙宇

占地面积 100 平方米以上，400 平方米以下。多为两进和三进，也有四进。

1. 北帝祠

位于沙湾镇东村。始建于清代，是供奉北帝的庙宇，1997 年重修。坐西北朝东南。面阔 11.1 米，进深 33.6 米，占地面积 373 平方米。为三间三进，由山门、中殿、后殿组成。主体建筑为硬山顶，镬耳封火山墙，灰塑龙船脊，碌灰筒瓦，青砖墙，花岗岩墙基。

山门面阔三间，宽 11.1 米。前廊两次间砌包台，台上立 4 根花岗岩方檐柱，梁坊上有雕饰的驼峰与斗拱，雕工精美。明间大门嵌花岗岩石门夹，石额上方悬挂木匾，上刻"北帝祠"。山门后面为天井，两侧有廊通中殿。

中殿面阔三间，宽 11.1 米。前后各有 2 根石檐柱，内有 4 根木金柱撑顶。堂后也有天井，两侧边廊通后殿。

后殿面阔三间，宽 11.1 米。前廊立 2 根檐柱，梁架上有木雕驼峰与斗拱，堂内立 4 根木金柱。明间后部设有神龛供奉北帝。

北帝也称玄天上帝、真武帝、北极真君、开天大帝、元武神等，俗称上帝公，是道教中统管北方的神明。广东人崇拜北帝是因为当时的民众相信北方在五行中属水，因此将北帝视为水神，同时还认为他是北极星的化身，可以为人指引航向。在广东沿海地区，人们十分重视奉祀北帝，希望能够保证农业、渔业、贸易的顺畅。

北帝祠　　　　　　　　　　　　后殿

2. 圣母宫

位于石碁镇新桥村。始建于明代，是供奉妈祖的庙宇。庙前不远处的新桥涌上建有一座年代同样久远的古桥"跨龙桥"，庙内现仍保存有关古桥的碑记，分别为清康熙五十二年（1713）的《重修拱桥碑记》和乾隆十一年（1746）的《重修跨龙桥碑记》，印证了古庙和古桥的悠久历史。

圣母宫坐西朝北。面阔10.8米，进深19.2米，占地面积207.4平方米。三间两进，由山门和后殿组成。主体建筑为悬山顶，人字形山墙，灰塑龙船脊，碌灰筒瓦，青砖墙，红砂岩墙基。

山门面阔三间，宽10.8米。两次间砌墙，明间大门前有石步级，大门设木门框，门额上悬挂木匾，上刻"圣母宫"。悬山顶檐下梁架有木雕如意卷草纹柁墩和斗拱。由山门入内为天井，两边有廊，通往后殿。

后殿面阔三间，宽10.8米。殿内设神龛供奉妈祖，神龛前的大型供桌用红砂岩雕磨制作，古朴而庄重。

在番禺，妈祖的信仰由来已久。妈祖，又称天妃、天后、天上圣母、湄洲娘妈等。最早妈祖信仰来自民间，传说是由真人真事演变而来。妈祖的

圣母宫

后殿神龛

真名叫林默（960—987），小名默娘，故又称林默娘，诞生于福建莆田湄洲岛，逝年仅28岁。据说在她的短暂人生中，善于医病救世，拯人患难，多行善事，因此死后被民间尊为神。后来妈祖信仰还获得了朝廷的承认，自宋徽宗宣和四年（1122）到清同治十一年（1872），历朝皇帝先后对她敕封了36次，使她成为可与南海神相媲美的万众敬仰的"海上女神"。福建莆田是妈祖信仰的发源地，而妈祖是当地人对女性先祖的尊称。

3. 文昌阁

位于钟村镇石壁一村东南山丘，谢石公路旁。是供奉文昌和魁星的庙宇建筑。始建于清代，民国二十九年（1940）重修。该阁依山而建，坐东北向西南。面阔16.5米，进深8.7米，占地面积178.7平方米。为三路一间一进，由中路阁楼和左右路单体建筑组成。各建筑均为硬山顶，人字形封火山墙，平脊，碌灰筒瓦，青砖墙，花岗岩墙基。

中路阁楼分两层，面阔一间，宽5.74米。首层为凹斗门，石门夹横额阴刻楷书"文昌阁"，上款"中国民国廿九年夏日重修"，落款"蒋中正"。"蒋中正"即蒋介石。两边框刻对联"文气光芒天有象；昌期际会国斯华"。上款"中华民国廿九年望月重修"，落款"于右任"。于右任为当时国民党资

第四章 民间信仰的载体——庙宇建筑

文昌阁

"文昌阁"石匾

深元老,以书法著称。此联分别以文昌二字开头,文采横溢。首层殿内设置有神龛供奉文昌。右侧由楼梯通往二层。二层房间的正面开窗,窗外石额顶部嵌有"魁星楼"横匾。楼内奉祀魁星。

左右路建筑与阁楼之间有宽 1.28 米的青云巷相隔,建筑均为单间,宽 4.1 米,为起居用房。

文昌阁之前和两侧还围有 600 多平方米的院落,院内大树参天,环境优雅。

文昌,本是星宫名,道教将其尊为主宰功名禄位之神,又叫"文星",而文昌帝君的出现要晚于文昌星。文昌帝君被称为文昌帝、济顺王、梓潼帝君、雷应帝君等,是主管考试、命运,及助佑读书撰文之神,是读书文人、求科名者最尊奉的神祇。后来二神逐渐合而为一,俗称"文昌"。

105

供奉文昌神龛的首层

魁星是道教中主宰文运的神，魁星信仰盛于宋代，从此经久不衰，成为古代社会读书人于文昌之外崇信最甚的神。在科举考试中，如取得高第即称作"魁"，独中魁首就来源于此。

4. 文武庙

位于石楼镇茭塘东村蒲江路西侧，是奉祀文昌和关公的庙宇。据庙内4方重修碑记载，该庙始建于清道光十一年（1831），咸丰十一年（1861）重修，光绪十八年（1893）迁至现址。庙建于河涌旁边，坐西向东，前有花岗岩砌筑，长19米，宽6米，面积114平方米的大平台，平台周边有望柱围栏，入口处设"金"字形台阶。平台左侧还建有一座五层六边形小砖塔，主庙旁另建一座"包相府"小庙，从而构成一组颇具气势的古建筑景观。

文武庙本体建筑面阔11.54米，进深17.4米，占地面积200.8平方米。为三间三进，由山门、拜亭、后殿组成。山门与后殿均为硬山顶，镬耳封火山墙，灰塑博古脊，碌灰筒瓦，青砖墙，花岗岩墙基。

山门面阔三间，宽11.54米。前后廊各有2根花岗岩檐柱，前廊梁架及封檐板雕人物花鸟纹饰，墙楣绘有清代画师韩翠石所绘人物山水壁画。大门

文武庙

山门墙楣壁画

石门夹横额阳刻"文武殿",两边框刻对联"阴骘两言文字骨;春秋一卷圣神心"。后廊立有一道屏门与拜亭相隔。

拜亭建于山门后的天井上,进深2.8米,人字形顶,两侧倚托边廊,亭顶端侧墙有制作精美的灰塑彩画,画面中有西式风格的建筑,十分罕见。亭正中设有4米长的拜桌。

山门墙楣壁画

后殿面阔三间,宽11.54米。2根石檐柱,4根圆木金柱撑顶。明间后设有主神台,供奉文昌和关公的泥塑像。

文武庙之所以被人们崇尚,是因为除了主宰功名利禄的文昌帝外,还有一位以忠义仁勇而闻名的关羽,若能求

第四章 民间信仰的载体——庙宇建筑

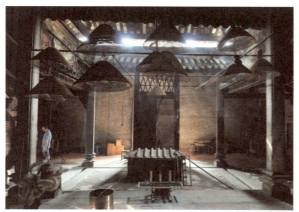

拜亭

拜亭顶部侧壁灰塑彩画

得文武双全岂不更是春风得意。说到东汉末期名将关羽，有关他的事迹很多。在他去世后，以忠义仁勇而闻名天下，逐渐被神化，被民间尊为"关公"。历代朝廷对他多有褒封，清代被封为"忠义神武灵祐仁勇威显关圣大帝"，被崇为"武圣"。在道教中关羽也被奉为"关圣帝君"，即人们常说的"关帝"，为道教的护法四圣之一。

后殿神龛

5. 三圣宫

位于小谷围街道岭南印象园（原练溪村），是番禺同类庙宇中年代最早、规模较大的一座。据庙内保存的清代重修碑记载，该庙始建于明代，自清顺治十三年（1656）到乾隆、道光、同治、光绪年间均有过重修。庙坐西北向东南。面阔7.92米，进深23.08米，占地面积182.8平方米。为三间三进，由山门、中殿、后殿组成。三座主要建筑均为人字形山墙，灰塑博古脊，碌灰筒瓦，红砂岩墙基，但屋顶的铺设和出檐有所变化，墙体的用材也存在不同。

山门面阔三间，宽7.92米。悬山顶，青砖墙。前后廊各有2根红砂岩方檐柱，木构梁架风格简朴。红砂岩石门夹，石额刻"三圣宫"。墙楣绘有壁画。山门后为天井，两侧有廊，廊墙上共嵌10块清代碑刻。

中殿面阔三间，宽7.92米。悬山顶，两侧墙体为蚝壳墙，前后檐各立2根木柱撑顶。殿后为天井，两侧有边廊通往后殿。

后殿面阔三间，宽7.92米。歇山顶，蚝壳墙。大殿共有16根立柱，分

三圣宫

4行排列，首行为4根红砂岩檐柱，殿内为12根圆木金柱，梁架中的月梁、短柱、栌斗、插拱还保留有明代风格。殿后设有神台，正中明间供奉华光大帝、三圣公、把簿天官。两次间分别供奉观音和关帝。

三圣宫不仅保留有明代的建筑特色，在建材和构件方面也具有明代特征，是番禺现存罕见的明代风格建筑。所供奉的神明也是番禺过去多元信仰的典范，无论人文内涵还是建筑本身都具有很高的历史价值。

后殿明间神龛

后殿次间神龛

后殿次间神龛

6. 康公古庙

位于南村镇官堂村镇东路2号，是番禺现存6座康公庙中规模最大的一座。据庙内7方清代重修碑记载，该庙始建于宋末，清康熙四十三年（1703）重建，先后于嘉庆十年（1803）、咸丰十年（1860）、光绪二十三年（1897）、民国二十二年（1933）重修。庙坐西南向东北。面阔8.94米，进深25.83米，占地面积230.9平方米。为三间四进，由山门、中殿、拜亭、后殿组成。主体建筑为悬山顶，人字形封火山墙，灰塑博古脊，碌灰筒瓦，绿色琉璃瓦当滴水，红砂岩墙基，其中山门与中殿为青砖墙，后殿为蚝壳墙。

山门面阔三间，宽8.94米。建于花岗岩砌筑的台基上，正中有4级石阶。大门嵌花岗岩石门夹，石额阴刻"康公古庙"，上款"嘉庆甲子"。两边框刻对联"鹅形拥出三真地，龙势生成一洞天"。上款"明乡进士浙江奉化县知县林大□拜撰"，落款"光绪丁酉年重修，候选儒学训导林国璋拜书"。

康公古庙

山门石匾与对联

前廊墙楣绘有人物山水壁画，其中正面右侧为"棋中耍乐"图，落款为"时在民国壬申年（1933）仲秋中浣偶书。青萝峰居士韩柱石画"。后廊立2根花岗岩八边形檐柱。山门后为天井，两侧建围墙，墙楣装饰有灰塑花鸟彩画。

中殿面阔三间，宽8.94米。亦建在台基之上，由天井拾级而上为中殿前的月台，月台前端围有栏板。次间前端砌砖墙，内部前后各立2根檐柱。明间大门上悬挂木匾，上刻"泽及万方"，殿内还悬挂有"吉祥堂"木匾。周边墙楣绘壁画。

山门墙楣壁画

拜亭建于中殿和后殿之间的天井处，四角立柱支撑人字形瓦顶，亭两侧为边廊通往后殿。

后殿面阔三间，宽 8.94 米。两侧墙体为蚝壳墙，批荡砂灰。前廊立 2 根檐柱，殿内有两行 6 根圆木金柱撑顶。明间后部砌神台，上置木构神龛供奉康公神像。

该庙建筑部分保留有明代遗风，属番禺为数不多的早期庙宇。所奉祀的康公本名叫康保裔，河南洛阳人，原为北宋著名的抗辽将领。他治军有方，作战神勇，后来在与辽军作战中为国捐躯，成为抗辽战争中的英雄，在《宋史·忠义传》中排列第一，有"宋朝第一忠义"的盛誉。后人感其忠烈，建庙祭祀，是因为相信他具有令人敬畏的神力，就像保护神一样可以为他们消灾解难。

后殿

中殿

7. 侯王古庙

位于沙湾镇龙岐村。始建于清代，清光绪十八年（1892）重修。坐西向东，面阔13.7米，进深17.5米，占地面积239.8平方米。为三路单间两进，由中路山门、后殿，东西两路附属建筑组成。主体建筑为硬山顶，马鞍形封火山墙，灰塑博古脊，碌灰筒瓦，绿色琉璃瓦当滴水，青砖墙，花岗岩墙基。

山门面阔一间。凹斗门，有花岗岩石门夹，石额阴刻"侯王古庙"，上款"光绪十八壬辰年"，落款"仲春吉旦重修立"。两边框刻对联"荡寇功深流粤地，保民泽远遍粤山"。上款"光绪十八年岁次壬辰季春吉旦"，落款"值事会裔明彩男荫男杨机锡孙子源杰男天培迪孙本礼劳信华张满开劳国隆韩祥吉会立礼同等敬送"。前廊墙楣绘有人物山水壁画，为清光绪年间作品，正中的《五桂联芳》图最为精美。山门后墙正中设有一道屏门，上面悬挂"辅应堂"木匾。由屏门而出为天井，两侧有边廊。

后殿面阔一间，靠后墙砌有神台，台上设神龛，正中为侯王塑像，左为六祖禅师，右为□□大元帅。

侯王古庙

《五桂联芳》壁画

后殿

第四章 民间信仰的载体——庙宇建筑

　　左路靠前的建筑已不存在，现建有围墙围成一小院，与中路左廊小门相通，院内砌有一放生池。后面的配殿保留完整，面阔一间，门额上悬挂小木匾，上书"地藏王殿"，殿内设神台，供奉地藏王菩萨塑像。

　　右路建筑由前面的凹斗门而入，面阔一间，内部分为前后两个房间，后房与中路右廊小门相通。后面的配殿现已无存。

　　侯王名叫杨亮节（？—1279），是南宋末年的国舅，为杨淑妃之兄、宋端宗的舅舅，官封处置使。元朝军队追杀宋帝时，杨亮节一直追随宋帝，是一位忠臣。他生前封侯，死后封王，所以称之为侯王。在珠三角洲地区多地都建有纪念他的侯王庙。

三、小型庙宇

占地面积100平方米以下,多为一进,也有两进,个别为三进。

1. 洪圣庙

位于石楼镇茭塘西村墟心街6号,是奉祀洪圣的庙宇。始建于清乾隆十九年(1754),同治十三年(1874)、民国七年(1918)重修。坐东北向西南,面阔6.15米,进深16.15米,占地面积99.3平方米。为单间三进,由山门、拜亭、后殿组成。山门和后殿均为硬山顶,马鞍形封火山墙,灰塑博古脊,碌灰筒瓦,绿色琉璃瓦当滴水,青砖墙,花岗岩墙基。

山门面阔一间,宽6.15米。凹斗门,红砂岩石门夹,门额上嵌石匾,阳刻"洪圣庙",上款"乾隆甲戌仲冬吉旦"。两边框刻有对联"面目重新辉北坎,声灵依旧镇南离"。前廊墙楣绘花鸟壁画。山门内立有一道屏门与拜亭相隔。左右墙各嵌一方重修碑。

洪圣庙

拜亭为硬山顶，人字形侧脊，碌灰筒瓦，青砖墙。地面中间有天井，亭内空间与后殿贯通。墙楣绘壁画。

后殿设有供桌，桌后靠墙砌神台，正中供奉洪圣大王，左侧为金花夫人，右侧有□圣真君。

说到洪圣就要追溯到南海神庙。隋朝开皇十四年（594），隋文帝下诏于近海建祠祭东、西、南、北四海，其中在广州建南海神祠。在不同种类的水神庙中，南海神祠是官庙，是天子祭海的据点之一。自唐到清，历朝皇帝给南海神册封号十余次。后来南海神庙开始从官方走向民间，逐步扩展到岭南各地，大多称为洪圣庙、洪圣宫，所供奉的就是洪圣王，这便是南海神洪圣的来由。

拜亭

后殿

帅府庙拜亭与山门

2. 帅府庙

位于钟村镇谢村。据庙内保留的4方重修碑记，该庙应始建于明代，清康熙三十一年（1692）、咸丰三年（1853）、民国二十年（1938）均有重修。坐北朝南，面阔7.63米，进深12.33米，占地面积94平方米。前后三进，由拜亭、山门、后殿组成。山门和后殿均为硬山顶，人字形山墙，灰塑博古脊，碌灰筒瓦，绿色琉璃瓦当滴水，青砖墙，花岗岩墙基。

拜亭面阔一间，平面为方形。卷棚歇山顶，三面出檐较深。前檐立两根花岗岩方柱。左柱内侧刻"民国二十七年戊寅岁次七月吉日重建"，右柱内侧刻"同福堂敬送"。后檐与山门屋顶勾连搭建。

山门面阔三间，宽7.63米。大门嵌花岗岩石门夹，石额上悬挂木匾，竖刻"帅府"二字。墙楣绘有壁画。山门内立有4根石柱撑顶。出山门为天井，两侧有边廊，廊墙嵌重修碑记。

后殿面阔三间，宽 7.63 米。殿前部立 2 根石檐柱，明间后部设有神龛，供奉有哪吒元帅、马元帅、方真元帅等 6 尊神像。次间也设置有神龛，左龛供威灵感应劝善大师，右龛供伏虎玄坛圣佛。

帅府庙历史久远，在当地很有名气。碑记中用"迎祥、集福、御灾、捍患"来描述此庙，至今依然香火很盛。

天井

后殿神龛

3. 北城侯庙

位于沙湾镇紫坭村。始建于清嘉庆十三年（1808），咸丰十一年（1861）重修，民国十五年（1926）重建。坐东向西，面阔5.3米，进深15.1米，占地面积80平方米。为单间两进，由山门和后殿组成。建筑为硬山顶，人字形山墙，灰塑博古脊，碌灰筒瓦，绿色琉璃瓦当滴水，青砖墙，花岗岩墙基。

山门墙楣壁画

山门面阔一间，宽5.3米。凹斗门，嵌花岗岩石门夹，石额阳刻"北城侯"，上款"咸丰辛酉重修"，落款"民国丙寅仲春重建"。两侧边框刻对联"精工造物千秋仰，极巧成风百世钦"。此联对北城侯做出的贡献给予了很高的评价。墙楣有韩炎玥于民国丙寅年（1926）所绘壁画。由山门而入有天井，两侧为边廊。

后殿面阔一间，宽5.3米，原设有神龛供奉北城侯。

北城侯即为鲁班。史载明永乐年间，明成祖朱棣迁都北京后，册封鲁班为"北城侯"。与紫泥村相邻的三善村也建有供奉鲁班的"先师古庙"，在历史上两村都以建筑业见长，出有不少能工巧匠，相距不远的两处鲁班庙足以见证当地对建筑业发展的重视。

北城侯庙

聚龙庙

4. 聚龙庙

位于东环街道龙美村清河大道。据庙内保存重修碑记和石刻年款，该庙始建于明末，清康熙五十年（1711）、道光二十三年（1843）、同治九年（1870）、宣统二年（1910）分别进行过重修。坐东向西，面阔5.05米，进深10.5米，占地面积53平方米。为单间三进，由山门、拜亭、后殿组成。各建筑均为硬山顶，人字形山墙，平脊，碌灰筒瓦，青砖墙，花岗岩墙基。

聚龙庙左侧

山门面阔一间，宽5.05米。凹斗门，花岗岩石门夹，石额上方嵌石匾，阴刻"聚龙庙"，上款"宣统二年仲夏吉旦"，落款"张问士敬书"。两边框刻对联"电剑擎天光腾马岭，星旗映日曜

后殿神龛

山门后廊屏门

拥龙溪"。右联上款题"同治庚午仲冬吉旦"。墙楣处绘满人物花鸟壁画。山门内设有一道木屏门与拜亭相隔。

拜亭屋顶与墙体之间有隔空，地面中心为天井，置有香炉，左墙镶嵌3方清代重修碑记。

后殿面阔一间，宽5.05米。立有两根方形石檐柱。殿后部设有神龛，供奉有文昌、康公、北帝、关帝、王母娘娘木雕神像。

聚龙庙虽然规模不大，但供奉的各路神明很有特点，充分反映出多神崇拜的地方风俗和信仰。

5. 天后宫

位于小谷围街道岭南印象园内。据庙内重修碑记所载，该庙已有数百年历史，清光绪三十三年（1907）重建，宣统二年（1910）重修。坐西北向东南，面阔4.73米，进深12.11米，占地面积57.9平方米。为单间两进，由山门和后殿组成。二进建筑均为硬山顶，人字形山墙，平脊，碌灰筒瓦，青砖墙，花岗岩墙基。

山门面阔一间，宽4.73米。凹斗门，花岗岩石门夹，石额阴刻"天后宫"。墙楣绘人物山水壁画。后廊墙壁镶嵌清宣统二年"重修天后宫碑记"碑。山门与后殿之间隔有天井。

后殿面阔一间，宽4.73米。前檐下有木横披，上悬挂木匾"恩泽四海"。殿内设神台供奉天后娘娘塑像。

天后宫

后殿

6. 包丞相庙

位于小谷围街道岭南印象园内。清光绪二十八年（1902）重修。坐西北向东南，面阔一间，宽3.98米，进深5.37，占地面积21.4平方米。为硬山顶，人字形山墙，灰塑博古脊，碌灰筒瓦，青砖墙，花岗岩墙基。

门额石匾阳刻"包丞相庙"，上款"光绪二十八年壬寅孟冬重建"。门边框有对联"圣德扶练水，神威镇溪山"。殿内设神台供奉包公。

包公，原名包拯（999—1062），是北宋名臣。他为官廉洁公正，铁面无私，敢于为民请命，颇有政绩，因此有"包青天"及"包公"之名。他是中国历史上清官的代表，他的名号也成为清廉的象征。

包丞相庙

庙内神台

四、微型庙宇

占地面积不到 3 平方米，也分一进或两进，都是石构建筑。

1. 乌利大将军石庙

位于钟村镇石壁一村。始建于明清时期。石庙坐东朝西，建在一座高 0.6 米，用红砂岩和花岗岩混砌的台座上，面阔 1.1 米，进深 1.65 米，占地面积 1.82 平方米。为单间两进，由拜亭和后殿组成。

拜亭用花岗岩建成，为七行滴水式庑殿顶，四角各立 1 根方石柱，左前柱内侧刻"道光戊申年秋建"。两前柱正面刻有对联"用壮台山木石，永扶东壁图书"。亭内放置一石香炉。

后殿用红砂岩砌筑，为悬山顶，龙船脊。殿内靠后壁供奉有石牌位，中间竖刻宋体"云阵押兵乌利大将军"字样。

根据拜亭与后殿使用不同石材判断，后殿的建造年代更早一些，拜亭是

乌利大将军石庙

清道光二十八年（1848）增加的建筑。

有关乌利其人其事的传说有不同的版本，概括起来说，乌利是元朝军队的将领，在随元军南下攻打宋军到现今中山市一带时战死，因其下落不明，后来统治者就说乌利将军已变成了神，并下令在南粤一带建庙祭祀乌利。据说庙里供奉的乌利塑像面孔漆黑、竖眉鼓目、噘嘴扎须，身穿黄战袍，右手倒执一柄战刀，这种形象并不为当地人看好，后来就出现了"乌利单刀"这样一个词汇，用来形容某人做事不伦不类或一塌糊涂，久而久之"乌利单刀"就成为常用的粤语贬义词。其实对乌利将军的祭祀一直延续数朝，或许人们把他视为战神或保护神进行奉祀，过去在广州城区、中山境内等地都有"乌利将军庙"。

2. 蟾蜍仙庙

位于化龙镇潭山村玄字东街二巷巷口一棵百年老榕树旁。民国七年（1918）重建。坐西向东，面阔 0.95 米，进深 1.08 米，占地面积 1.3 平方

乌利大将军石庙正面

庙内石碑

蟾蜍仙庙石雕像

米。为花岗岩雕琢砌筑的单间石庙，五行滴水悬山顶，正脊精雕双鳌鱼戏宝珠。正面为凹斗门，内框门额上刻"蟾蜍仙庙"，上款"民国戊午"，落款"仲春重建"。两侧边框刻有对联"民间财富足，天上月当圆"。据说是康有为的学生许诏平所题，此联正应"家有金蟾，财源绵绵"的说法。门槛前置一石香炉。殿内供奉一尊石雕像，为蟾蜍大仙的化身。庙的右外墙嵌"墓塑蟾蜍大仙像"碑刻，上列捐赠者名单及金额，落款"癸未岁次仲冬日立"，应为2003年重塑仙像时所立。

蟾蜍仙庙

蟾蜍仙庙正面

据《潭山许氏族志·怪异》记载,潭山开村于北宋绍圣年间,数百年后该村有一许姓族人背部患"搭手痛"(一种毒疮),久治不愈。后在家中发现一只蟾蜍,几次放生而又返回,最终在它的引领下发现一株专治毒疮的植物——"对门叶",这正是他们长期寻觅的药材"散心榕",之后这只蟾蜍便消失不见。患者病愈后,家人认为此蟾蜍有灵性,周围邻里听说此事也颇为认同,遂合力建起这座小庙,称其为"蟾蜍仙庙",以祈求在蟾蜍大仙的庇佑下能平安吉祥。

3. 财神石庙

位于钟村镇石壁二村解放大街 58 号右侧。建于清代。坐西向东,面阔 1.68 米,进深 1.39 米,占地面积 2.38 平方米。为花岗岩砌筑的单间两进石庙,石基座高 0.8 米。首进仿山门,悬山顶,两侧墙体凿有漏窗。二进为后殿,悬山顶,殿内供奉财神爷。

财神石庙正面

财神石庙

第三节　庙宇的布局与风格

在布局方面，单进以上的庙宇都采用中轴对称布局，许多庙宇都建有拜亭，有拜亭的在布局组合方式上有以下几种：前为拜亭，后为主体建筑的组合；前为拜亭，中为山门，后为主体建筑的组合；前为山门，中为拜亭，后为主体建筑的组合。还有一种布局方式是两座以上的庙宇并列而建，规模大的形成蔚为壮观的古庙群，各路神明会聚一处，信众膜拜各取所需，香火之盛非同一般。

在风格方面，这些庙宇的始建年代多为明清时期，由于大多在清代经过重修，因此以清代建筑风格为主。与其他传统建筑不同，番禺地区庙宇建筑的山墙一般都采用马鞍形封火山墙，呈现出梯级渐次升高，轮廓鲜明的特征，形成庙宇建筑的独特风格。也有一些庙宇仍沿用镬耳封火山墙和人字形封火山墙。此外，庙宇所使用的建筑材料，内部结构特征和装饰工艺都与其他传统建筑类似，从中也可对其年代早晚做出大致的判断。

第五章　具有文化教育功能的建筑

　　古代番禺长期是广东的政治、经济、文化中心，自古以来文脉发达，是享有盛名的文化之乡。这里文化教育机构城乡结合，既有县学宫，也有乡村中的书院、社学、学塾，形成了完备的教育体系，造就了许多历史精英。

　　由于这类分布于乡间的读书场所大多由宗族创立和管理，基本都兼具类似祠堂的祭祀功能，因此在建筑布局和风格方面也都与祠堂类似。

第一节　官办教育学府——番禺学宫

"学宫"一词最早出现在西周，是周天子设立的专门教授贵族子弟的场所。自孔庙制度建立后，"学宫"开始泛指官学，即历代王朝的地方官办学校，并且官学与地方孔庙合二为一，学校成为孔庙的存在依据，孔庙成为学校的信仰中心，因此学宫也叫孔庙和文庙。

位于广州市中山四路的番禺学宫，是明清时期番禺县的县学和祭祀孔子的文庙所在地。明洪武三年（1370），由番禺县知县吴忠、训导李昕在现址创建。当时番禺学宫的规模宏大，由广三路、深五进的庙学建筑群组成。中路有照壁、棂星门、泮池拱桥、大成门、大成殿、崇圣殿和尊经阁；左路建筑有头门、八桂儒林门、儒学署、明伦堂、光霁堂、名宦祠；右路则有头门、节孝祠、训导署、忠义孝悌祠、乡贤祠等。祠后有一大片空地，叫射圃，是武试的场所。四周宫墙回绕，林木葱郁。

经多次损毁，学宫许多建筑已不复存在，现存中路建筑主要有棂星门、泮池拱桥、大成门、大成殿、崇圣殿及东西廊庑；左路建筑尚存头门、八桂

民国时期番禺学宫

儒林门、明伦堂、光霁堂；右路仅存头门。

棂星门是座花岗岩砌筑六柱三间冲天式牌坊，雕有云龙纹饰，柱前后置抱鼓石。

石拱桥架设在两方半圆形泮池的中间，因此叫"泮池拱桥"。据

泮池拱桥

《礼记》记载，西周天子将学宫称为"辟雍"，诸侯建的学宫则称为"泮宫"，"泮"即"半"，意为半于天子之宫。后人仿此制，建学校就设一个泮池，生员（即秀才）入学时都要绕泮池走一圈，因此也叫"入泮"。

大成门之名，取自孔子集古代文化大成之义。面阔5间，进深2间。正中书有"番禺学宫"四个大字。为硬山顶，铺黄色琉璃瓦，灰塑正脊之上有石湾文如壁所造"二龙戏珠"陶塑琉璃脊。大门两侧设置耳房。

棂星门

大成门

大成殿是奉祀孔子的主殿，建在1米多高的石台基上。殿前有月台，周边围绕石栏板。大殿面阔五间24.72米，进深三间14.22米，面积351.5平方米。歇山顶，铺黄色琉璃瓦，正脊亦为"二龙戏珠"琉璃脊。大殿东西两侧还配有廊庑，用于祭奠孔子的弟子和历代名儒。

大成殿

第五章 具有文化教育功能的建筑

崇圣殿

  崇圣殿是祭祀孔子五代先祖的地方。面阔五间，进深三间。歇山顶，正脊为"二龙戏珠"脊饰。殿两侧有廊。

  明伦堂和光霁堂是左路仅存的主体建筑，均为硬山顶，砖木结构。其中明伦堂是当时生员们上课的场所，堂前立有"文武官员至此下马"的石碑，"明伦"就是教人明白伦理道德。早年的读书人只有顺利通过县试、府试、院试成为秀才，取得生员资格之后才能进读学宫，而在学宫就读的生员，主要的出路就是经过专门的学习后，参加科举考试从而走上仕途。入仕的途径分两种，一种是参加乡试、会试、殿试中举人、贡士、进士；另一种是通过贡举成贡生入读国子监再酌情授官。据统计，明清时期番禺学宫生员中举人的有1400多人，被授予县官、学宫教官等职（含进士入仕者）的有900多人。以上事例足以说明当年番禺学宫在人才培养方面所取得的成就。

  从番禺学宫的布局可以看到，围绕祭祀的文庙建筑是主体，在浓厚的儒家思想氛围中办学，使学宫成了特殊的建筑群类型，即庙学建筑，从而赋予了它独特的历史价值。过去广州有三大学宫——广府学宫、番禺学宫和南海

133

明伦堂

学宫,其他两所早已湮灭,唯一幸存的番禺学宫与德庆学宫、揭阳学宫,算是目前广东省内保存较为完好的三座学宫,因此愈发显得珍贵。

1926年5月—9月,中国国民党在此举办第六届农民运动讲习所,由毛泽东任所长。现学宫为毛泽东同志主办农民农运讲习所旧址纪念馆。

第二节　教研功能相结合的书院

书院是唐宋至明清出现的一种独立教育机构，由官府或私人设立，具有藏书、教学、研究相结合的功能，曾对中国古代社会教育和文化的发展产生过重要的影响。清代书院可分为三类：其一是教授中式义理与经世之学；其二以备考科举为主，主要学习八股文；其三以朴学精神倡导学术研究。光绪二十七年（1901）实施新政，在全国诏令书院改制为新式学堂，书院就此结束。

明清时期番禺县境内有记载的官立和私立书院曾有不少，而留存至今的已为数不多，书院的内涵和职能也表现出较为特殊的一面。

1. 九成书院

位于石碁镇新桥村东侧，是明代三所九屯十三乡的军籍后裔在清嘉庆二十五年（1820）为其子弟集资兴建的读书场所，在清同治十年（1871）版《番禺县志》中有载，书院于光绪三十一年（1905）重修。书院坐北朝南，现存中路建筑面阔16米，进深55米，占地面积880平方米。为三间三进，由头门、正堂、后殿组成。主体建筑为硬山顶，人字形封火山墙，灰塑博古脊，碌灰筒瓦，青砖墙，花岗岩墙基。

头门

头门"九成书院"石匾

书院内壁画

正堂

　　头门面阔三间，宽16米。前廊立4根花岗岩檐柱。次间建有石包台。花岗岩石门夹，门额阳刻"九成书院"，上款"嘉庆庚辰仲秋穀旦"，落款"里南谢兰生书"。大门两边原挂有木刻对联"文澜狮海壮，武略虎门深"。头门后接大天井和带有石栏板的月台。

　　正堂面阔三间，宽16米。前后各立2根石檐柱，内立4根坤甸木圆金柱。前廊右侧墙楣尚留有"停琴听阮"壁画，书有"光绪乙巳"等字，说明这一年对书院进行过重修。

　　后殿面阔三间，宽16米。立有2根石檐柱和4根圆木金柱。明间后面

第五章 具有文化教育功能的建筑

后殿

原设有神龛，安放"大明镇守广东广州左卫等处地方带领九屯旗甲官兵陈将军神位"神主牌。

陈德于明洪武八年（1375）任广州左卫将军，下辖三所九屯，有旗兵1346名，属于戍边屯田部队，驻扎地域大致在现今番禺的石碁镇、石楼镇、化龙镇、沙头街范围内。到明弘治初年（1488），这支由留守到定居的部队已发展为1008户，拥有土地20160亩，10多个村庄，成为明朝初年到番禺定居的移民群体。由军籍后裔兴建的九成书院具有多种职能，它既是九屯人教育后代涉面最广的书院，也是供奉陈德将军的专祠。此外，在当时书院的祭流箱中，还保存有九屯人制订的盟约，诸如"守望相助，疾病相扶持；一屯有警，八屯救应，每屯出壮丁三十六人，自携粮秣火药驰援"等。据此，九成书院还兼有掌控联盟互助协防的职能。

陈德将军神位

137

2. 培兰书院

位于南村镇罗边村东胜大街1号。始建于明代。坐北朝南。面阔16米，进深24.5米，占地面积392平方米。为三间两进，由头门和后寝组成。两进建筑为硬山顶，人字形封火山墙，灰塑博古脊，碌灰筒瓦，青砖墙，红砂岩墙基。

头门面阔三间，宽16米。大门为凹斗门，花岗岩石门夹，石门额上刻"培兰书院"。封檐板装饰木雕图案。由头门入内为条石铺砌的天井，两廊之间砌有砖墙，正中开一八角形门洞供出入。

后寝面阔三间，宽16米，进深两间，明间前立2根石檐柱，内有4根圆木金柱。梁架上的驼峰、斗拱雕刻有简朴纹饰。明间后有红木制作的神台，用于放置祖先牌位。

培兰书院属于典型的宗族书院，但又兼具祭祖功能，像这样由明代一直延续到清代的教育场所已非常少见，这对了解当地的传统教育历史沿革很有价值。

头门

天井

后寝

第三节 乡村启蒙教育机构——社学

社学始创于元朝,是当时官方倡导的农村启蒙教育的一种形式,相当于地方小学。到明清时期,社学成为乡村公众办学的模式,带有义学的形制。据乾隆《番禺县志》记载,明嘉靖时番禺改建的社学有 60 余所。又据《广州府学校考》统计,清代番禺县的社学数量也达到 48 所之多,可见当时社学的兴盛和基础教育的繁荣。直到清末社学才被新式学堂所取代。许多社学被更名为小学堂。

1. 文峰社学

位于大石街植村。又名"天罡堂"。据建筑内的 6 方碑刻记载,该社学分别于明崇祯五年(1632)、清乾隆元年(1736)、清嘉庆二年(1797)、清道光二十四年(1844)、清光绪八年(1882)、民国二年(1913)进行过 6 次重修。社学坐东向西。面阔 11.83 米,进深 33.23 米,占地面积约 393 平方米。由头门、拜亭、仪门、后殿组成。主体建筑为硬山顶,人字形山墙,灰塑龙船脊,碌灰筒瓦,青砖墙,花岗岩墙基。

头门面阔三间,宽 11.83 米。前廊立 2 根花岗岩檐柱,柱身内侧分别刻"沐恩福麟会弟子植世周登富连华日高敬奉""时嘉庆二年三秋吉旦"。石门

头门

书院内壁画及门额题字

正堂

额上刻"文峰社学",上款"乾隆岁序丙戌、嘉庆岁序丁巳",落款"阳月毂旦重修,菊月吉旦重修"。墙楣绘有壁画。后檐立2根红砂岩方柱。

拜亭建于石砌台基上,前设十三级台阶,后有砖砌仪门,石门额上刻"天罡堂",上款"民国元年壬子孟冬"。

后寝面阔三间,宽11.83米。殿内供奉"三圣公"神像。两侧墙面镶嵌历代重修碑。

依据重修碑记内容,文峰社学的原址为明朝建文与永乐年间建在小山丘上的庙宇,所以一直称其为尊崇神圣的"天罡堂"。大概到清乾隆元年(1736),出于对基础教育的重视,在对庙宇进行重修时扩大了建筑范围,在庙宇之前加建社学,使之形成庙宇与社学合二为一的独特建筑,不但是一处教育场所,还兼有教化和祭神的功能。此外,文峰社学与马氏宗祠和乡贤士大夫马公祠并排而立,前面有开阔的地坪,显然是村中重要的活动场所。

2. 同安社学

位于石碁镇石碁村石莲街。始建于清道光二十八年（1848）。坐东向西。面阔14米，进深23.3米，占地面积326平方米。为三间三进，由头门、正堂、后殿组成。主体建筑为硬山顶，人字形山墙，灰塑龙船脊，碌灰筒瓦，青砖墙，红砂岩墙基。

两廊与后寝

头门面阔三间，宽14米。前廊立4根鸭屎石檐柱，虾公梁上有雕狮托拱。石门夹额顶石匾阴刻"同安社学"，上款"道光戊申仲秋"，落款"香山鲍俊书"。两侧樨头装饰砖雕。头门入内为天井，两侧有廊。

后寝面阔三间，宽14米。内外有2根石檐柱和2根圆木金柱承重。明间后设有神龛放置祖先牌位。

同安社学规模较大，从内部设置看，应属于宗族管理，具有教育和祭祖双重功能。

头门

第四节 民间幼儿教育场所——学塾

学塾产生于春秋时期,是我国古代社会开设于家庭、宗族或乡村内部的民间幼儿教育机构,是私学的重要组成部分。它与官学相辅相成,历经2000余年延绵不衰,为传教中华传统文化、培育人才,做出了不可磨灭的贡献。清代学塾发达,学塾是少儿真正读书受教育的场所,除义学外,一般都在地方或私人所办的学塾中。其中既有富贵之家聘师在家中教读子弟,称为坐馆或家塾;也有地方(村)、宗族捐助钱财、学田,聘师设塾以教贫寒子弟,称为村塾、族塾(宗塾)、义塾;还有塾师私人设馆收费教授生徒的,称为门馆、教馆、学馆、书屋或私塾。到了近代开始提倡新式教育,对学塾不断地进行改良,直到新中国成立后,学塾才逐渐消失。

番禺的乡村也曾遍布各种形式的学塾,现存10多座学塾的规模都比较小,但从中可以大体了解当时学塾建筑和启蒙教育的基本概况。

1. 培桂家塾

位于钟村镇谢村魁杰坊金紫西街。始建于明万历十八年(1590),清康熙四十六年(1707)重修,据家塾现建筑风格,晚清也有过重修。坐北朝

头门

第五章 具有文化教育功能的建筑

后寝

南。面阔9.8米,进深17米,占地面积166.6平方米。为三间两进,由头门和后寝组成。两进建筑均为硬山顶,镬耳封火山墙,灰塑博古脊,碌灰筒瓦,青砖墙,花岗岩墙基。

头门面阔三间,宽9.8米。大门为凹斗门,花岗岩石门夹,石额刻"培桂家塾"。墙楣绘有彩色壁画。头门后为铺砌条石的天井,左侧有一口水井,两边有连廊。

后寝面阔三间,宽9.8米。前后各有2根石檐柱和2根圆木金柱承重。明间靠后有放置祖先牌位的神龛。

培桂家塾沿用时间久远,同样也兼具祭祖功能。经了解,这处由马姓大户自办的家塾曾培养出不少科举人才,如清道光年间举人马金荣,后成为恩赐进士;清咸丰年间举人马凤仪;还有马永基、马鸣玉、马鸿思等多名秀才。充分反映了当时人们对家庭启蒙教育的重视。

2. 祐宾家塾

位于钟村镇谢村魁杰坊大街7号。始建清咸丰十年（1860），1988年港澳及村中族人捐资重修。坐北朝南。面阔6.6米，进深19.6米，占地面积149.5平方米。为三间两进，由门楼、后寝组成。建筑为硬山顶，平脊，碌灰筒瓦，青砖墙，花岗岩墙基。

后寝

采用门楼式大门，石门额上刻"祐宾家塾"。进门后为石铺天井，两边有廊通后寝。

后寝面阔三间，宽6.6米。明间后部设由奉祀祖先牌位的神龛，神龛上方挂一木刻"祖德流芳"牌匾。

祐宾家塾采用院落式布局，扩大了室外活动空间，营造了更好的学习环境。堂中"祖德流芳"匾也对家族学童起到勉励的作用。

头门

3. 显扬梁公家塾

位于小谷围街北亭村北亭大街 105 号。始建于民国三十七年（1948）。坐东向西。面阔 15.85 米，进深 13.44 米，占地面积 213 平方米。为三间两进，由头门、后寝组成。建筑为硬山顶，人字形封火山墙，灰塑博古脊，碌灰筒瓦，青砖墙，花岗岩墙基。

头门面阔三间，宽 15.85 米。为凹斗门，花岗岩石门夹，石额阳刻"显扬梁公家塾"，上款"戊子年仲春"，落款"许崇清书"。头门内为石铺天井，两边有廊。

后寝面阔三间，宽 15.85 米。前檐砌 4 根砖柱，内立 4 根石柱撑顶。周壁墙楣绘有壁画。

从家塾的名称看，它既是家塾，也是公祠。在家塾内读书的学童应为梁显杨支族后裔。为家塾题名的许崇清是当时的文化名流，曾任中山大学校长，他的题名显然提升了家塾崇文重教的声名。

头门

第五节　引入新式教育的小学堂

小学堂兴起于清末民初。是由政府倡导的新式教育场所,主要针对知识老化,通过拓宽初等教育中近代知识的覆盖面,从教育入手进而达到强国的目的。

番禺较早的小学堂大多是由原来的书院、社学等旧的教育机构转变而来,同时与私塾并存。这些小学堂分为私立和公立。私立小学堂主要是由宗族系统开办,在乡村较为普遍,多以原来的宗族祠堂为校址,也有个人出资办学的。公立小学则以宗族组织外的庙宇或社学为校址,开始为数不多,后来也陆续出现新建的小学堂。民国时期番禺的新式小学堂日渐普及,在学制、课程、教材等方面都进行了改革,吸取西方国家可取的教学模式,极大地促进了新式基础教育的发展。

1. 松露小学旧址

位于石碁镇塱边村东约大街1号。始建于1927年。坐北朝南,校园占地面积2023平方米。由校门及围墙、礼堂、课室、图书馆组成。

校门

礼堂与课室

仲龙课室

校门为一座中式门楼，面向正南，红砖砌筑，歇山顶，龙船脊，铺绿色琉璃瓦。门额上方有灰塑匾"松露小学校"。门楼两边翼墙向外斜敞，正中开有漏窗。翼墙连接校园围墙。

礼堂正对门楼，面积201.6平方米。两边各有课室2间，与礼堂构成"品"字形布局。建筑均为青砖墙，现墙体为白色批荡，顶部为硬山顶，碌灰筒瓦，灰塑正脊。

后又有香港同胞在校园西侧捐建一座课室，面积为75平方米，取名"仲龙课室"。

在校园东南侧捐建的一座图书馆，面积为 85 平方米，取名"岐南图书馆"。这两座建筑也是砖砌，外表批荡，不同的是在正面和一侧建有西式立柱回廊。其中仲龙课室的屋顶还是传统的硬山顶，碌灰筒瓦。岐南图书馆后经改造，现为水泥平顶，回廊顶部则为挑檐，铺设琉璃瓦。

　　松露小学校是塱边村一孤老去世后，按其遗嘱将所留田产变卖，经当时国民政府注册批准兴建的，是禺南地区最早开办的公立小学之一。该校在抗战和解放战争时期一直是中共地下党的主要活动场所，1948 年冬，"中共番禺工作委员会"（中共番禺县委前身）在此成立。1996 年成为石碁镇爱国主义教育基地，现为塱边村委会办公所在地。

第六章 功能各异的防御性建筑

在番禺的历代建筑中,具有防御性功能的建筑大致可分为两大类。一类是存在于乡村中的防御性公共建筑,由宗族或村落组织根据防御的需要建造的,诸如门楼(更楼)、村墙、碉楼等;另一类是由官方为防外侵而建造的防御性建筑设施,如城寨、炮台等。通过这些建筑我们可以大体了解番禺在不同历史时期,其乡村防御性建筑、官方建筑设施的概况,以及所发生的历史事件。

第一节 古街巷的名片——门楼

门楼是古村落中常见的用以区分地界、防止盗匪袭扰、利于治安的标志性建筑，一般坐落于村庄的出入口和村内坊、里、街、巷，较大的门楼内部还加建阁楼，过去都安排有值守人员，通常由村内自发成立的团练等自治军事组织管理，所谓"更楼"就是指这一类门楼。此外，门楼还具有教化的功能，每个门楼的正面都嵌有石匾，所题楼名各有典故、意味深长，人文气息浓厚，成为村落里巷的名片。

这些门楼，除少数作为地界的可自由出入，一般都装有可封闭的趟栊和大门。与其他传统建筑类似，可以通过其所使用的建筑材料、结构特征、石匾年款来进行年代的判断。

1. 魁杰坊门楼

位于钟村镇谢村吉祥大街。始建于明代，清康熙五十九年（1720）、嘉庆十八年（1813）及近年多次重修。坐东北朝西南，面阔 2.23 米，进深 3.03 米，占地面积 6.76 平方米。现脊顶已失去原貌，为硬山顶，碌灰筒瓦，青砖墙。

"魁杰坊"门楼

"魁杰坊"门楼石匾

门楼正面有花岗岩石门夹，石额上嵌红砂岩石匾，阳刻"魁杰坊"，上款"康熙庚子"，落款"□□重修"。门楼内地面横铺花岗岩石板。

魁杰坊门楼年代久远，在门楼的右边还相依建有一座供奉医圣华佗等神明的小庙"洪福阁"，庙内还保存有一方清嘉庆十八年（1813）的"重修洪福阁并门楼碑记"碑，见证了这两座古建筑的沧桑经历。

2. 进士里门楼

位于沙湾镇安宁西街。始建于明代，清康熙二十三年（1684）重修。坐北朝南，面阔1.56米，进深1.56米，占地面积2.43平方米。

门楼石匾

门楼为青砖墙，花岗岩石门夹，门前有三级石阶。门额上方的红砂岩石匾阳刻楷书"进士里"，上款"进士何伯川先生讳子海为一代明贤世居于此特而识之"。落款"郡人黄佐题，康熙甲子年孟春吉旦重修，从孙迁奋书"。门楼顶部为灰塑花鸟装饰图案。

进士里为明初进士何子海故居所在地。何子海（1327—1379），名庆宗，字子海，号伯川，是沙湾望族何氏甲房第八代传人。明洪武二年（1369）举人，洪武四年（1371）进士，先后任睢宁、永康知县。

"进士里"门楼

3. 百岁坊门楼

位于沙头街道汀根村。始建于清光绪八年（1882）。坐北朝南，面阔3.7米，进深1.31米，占地面积4.08平方米。歇山顶，灰塑博古脊，碌灰筒瓦，青砖墙，花岗岩墙基。

门楼有花岗岩石门夹，门额上石匾阴刻"百岁坊"，上款"光绪壬午秋日"。落款为"清同治十年（1871）状元，侍读学士、参事府詹事梁耀枢题"。

该门楼是为居住在此的百岁老人所建，而且坊名是请当时的官宦名人所题，以表示对长寿者的尊重和推崇。类似的门楼在沙湾镇龙岐村也有一座，建于民国六年（1917），由当时的广东省省长朱庆澜为其题写了"百岁坊"坊名。

"百岁坊"门楼

"瑞接潮宗"门楼

4. 瑞接潮宗门楼

位于南村镇市头村。始建于清代。坐东北朝西南，面阔5.5米，进深3.6米，占地面积19.8平方米。脊顶已被改动过，现为硬山顶，碌灰筒瓦，青砖墙，花岗岩墙基。

门楼为凹斗门，有花岗岩石门夹，横额上嵌石匾，阴刻"瑞接潮宗"。墙楣有清末或民初画家李意山绘制的一组壁画，正中一幅为"叱石成羊"图，落款"甲子年"。

门楼内建有木制阁楼，为安置守更人场所，在外墙高处有两个民国时期凿开的瞭望孔，也可当作射击孔，属于比较典型的"更楼"。

《叱石成羊》墙楣壁画

5. 镇南锁钥门楼

位于大龙街旧水坑村。始建于清咸丰九年（1859）。坐北朝南，面阔4.2米，进深5.1米，占地面积21.4平方米。为硬山顶，镬耳封火山墙，龙船脊，碌灰筒瓦，青砖墙，花岗岩墙基。后来将封火山墙、龙船脊、滴水瓦当都改用了红色琉璃构件。

正面为凹斗门，花岗岩石门夹的横额阴刻"镇南锁钥"，上款"咸丰己未岁"。石门槛上还留有5个方孔，显示当年使用闸门封闭。门楼的右侧也开有一门，曾装有3根横向木条，可以防止猪跑出，又称"猪槛"。

这座门楼原来也有阁楼，20世纪90年代重修时将门楼的高度有所降低。据村民介绍，此门楼原是该村扶南坊一巷唯一的出入口。

门楼侧面

门楼正面

6. 北正里门楼

位于新造镇北约村。建于清代，近年重修了瓦脊。坐东向西，面阔4.63米，进深5.62米，占地面积26.1平方米。为硬山顶，人字形山墙，平脊，碌灰筒瓦，黄色琉璃瓦当滴水，青砖墙，红砂岩墙基。

凹斗门正中有红砂岩石门夹，门额上嵌红砂岩匾，阳刻"北正里"。墙楣有晚清画家韩兆轩所绘《蓬莱仙境》《瑶池耍乐》等一组壁画。门楼右侧墙另开有一门。

该门楼规模较大，原为北约村入村的关口，是当年全村最主要的门楼。

"北正里"门楼

门楼石匾与壁画

第二节 村落的守护者——碉楼

自清末民初,到 20 世纪 40 年代,由于社会动荡不安,盗匪横行,番禺许多乡村聚落为进一步加强防御,保境安民,开始建造大量形式各样的近代碉楼。这些碉楼有圆形、方形、八边形,高度 2 至 5 层不等,多建在村落的四周或村旁的制高点,担负着守护者重任,也成为传统村落中新的建筑景观。

门额石匾

1. 防匪楼

位于大龙街沙涌村。建于民国时期。坐东北朝西南,为砖、石、混凝土结构,高 8 米的二层炮楼。平面呈八边形,每边长 2.04 米,占地面积 21.3 平方米。

首层用红砂岩砌筑,在西南正面高于地面 2 米处开有小门,可架设木梯出入,门额上嵌红砂岩石匾,阴刻"南宁"二字。八面墙体高处各有一横一竖两个射击孔。内设木楼梯通往二层。

二层用青砖砌筑,八面墙体各设"品"字形(三个)射击孔。西侧墙面用灰沙书"防匪楼"三字。

顶部为瞭望台,用钢筋混凝土浇筑。

该炮楼位于过去的村口,防匪的功能一目了然。

防匪楼

2. 龙漱西炮楼与东炮楼

位于石楼镇大岭村。建于民国时期。

西炮楼坐西北朝东南，混凝土结构，共四层，高 13.4 米。平面近正方形，面阔 5.1 米，进深 4.8 米，占地面积 24.4 平方米。

一、二层的正面和两侧被后来加建的二层私塾建筑围绕，外观上只露出三、四层，四层正面顶部墙面灰塑"西园家塾"四字。

炮楼内部设楼梯，每层四面墙体都开有一窗，每面墙都有两个射击孔。第四层四角各建一外凸的半圆形台，每个台的墙面都有不同角度的三个射击孔，使射击的视野更加开阔。顶部天台四周建有垛墙，便于防守和瞭望，每面墙也设有三个射击孔。

西炮楼

家塾与炮楼

东炮楼

东炮楼坐西向东,共五层,高 16.3 米。平面呈正方形,长宽均为 4.2 米,占地面积 17.6 平方米。在四层顶部也建有垛墙,还加建一间小屋。

两座炮楼结构与外观相似,建造于同一时期。在设计方面结构坚固,防御功能十分周全;在布局方面使村落的防御体系首尾相望,形成掎角之势,对了解民国时期番禺乡村对炮楼的建造和利用情况很有价值。

第六章 功能各异的防御性建筑

崔官岭炮楼

3. 崔官岭炮楼

位于石楼镇茭塘东村。建于民国时期。为砖混结构，共三层，高9米。平面呈圆形，直径4.35米，占地面积约30平方米。

炮楼内设楼梯，二、三层周壁开有射击孔。顶部瞭望台向外凸出，建有围墙，墙体周边也留有射击孔。

茭塘东村旁的崔官岭是该村的制高点，在炮楼顶部可俯视全村街巷，也可监视东西和东北面由水路入村和西南面从陆路进村的情况，在防御方面具有地理优势。

4. 南社炮楼

位于化龙镇草堂村南社下街头。建于1941年。坐北朝南，砖石结构，共四层，高15.3米。平面为正方形，长宽均为4.3米，占地面积18.5平方米。

首层用花岗岩砌筑，高5米。正面石门额上阴刻"南屏"二字，上款"民国卅年孟秋吉旦"，落款"秋轮书"。内设楼梯通往各层，每层楼面用杉木材料搭建。

二至四层用青砖砌筑，每层都有12个花岗岩凿制的射击孔。顶部为圆形瞭望台，砖砌围墙上设有8个射击孔。

该炮楼的设计独到，体现出我国阴阳学说中"天圆地方"的传统文化理念。

南社炮楼

门额石匾

5. 东溪炮楼

位于化龙镇柏堂村东溪大街，建于20世纪20年代，坐北向南。青砖砌筑，共五层，高13米。平面为正方形，长宽均为4米，占地面积16平方米。

首层正面楼门石额上刻"永安"二字，内有楼梯通各层，每层均为木制楼面。

二层到五层，每层各有13个花岗岩凿制的射击孔。在炮楼正面第五层射击孔的上方有突出的一行瓦檐，应为装饰性附属构件。顶部瞭望台四周有围墙，一角还建有一座硬山顶小房，现瓦面已残。

据调查，柏堂村原有3座炮楼，现仅存的这座是番禺层数最多的炮楼，对了解番禺碉楼的历史和形制弥足珍贵。

东溪炮楼正面

东溪炮楼侧面

第三节 历经沧桑的城寨与烽火台

在番禺的历代建筑中,城寨与烽火台是少见的军事防御设施,具有较为特殊的一面,无论从其建筑本身,还是它所包含的历史信息,都为番禺的发展历程留下了岁月的印记。

1. 莲花城

位于石楼镇莲花山偏东北的山坡上,濒临珠江狮子洋。建于清康熙三年(1664)。全城为不规则椭圆形,占地面积8334平方米。城墙高5.66米,底宽2.34米,周长340米,内外墙身为青砖砌筑,下垫基石,中填泥土,顶部外侧建垛墙。南北各有一红砂岩砌筑的拱门,其中南门为正门,其券顶之上嵌有石匾阴刻"莲花城",落款为"康熙三年"。城内遗存有墩台、兵房、马厩等。

莲花城是清初为防范和阻绝郑成功与大陆的联系,在实施大规模海禁中用以消除接济台湾之隐患而建立的海防军事据点。海禁之后莲花城仍在沿用,据清同治十年《番禺县志》记载,乾隆二十九年(1764)为禁止在

南门

莲花山采石场滥采，伤及地脉，"通省绅士凌鱼等请宪示勒碑，一竖莲花城，一竖郡学（即番禺学宫）前，永远封禁"。在第一次鸦片战争时期，中方两广总督琦善与英国驻华商务监督义律于道光二十一年（1841）正月在城中密议《穿鼻草约》，成为那段屈辱历史的见证。咸丰四年（1854），番禺红巾军首领陈显良的队伍还曾占据莲花城。历经三百多年历史沧桑，莲花城对了解清代海防史、番禺地方史和中国近代史具有重要的历史价值。

第六章 功能各异的防御性建筑

北门

兵房

墩台

2. 烟管岗烽火台

位于化龙镇细围、莘汀、沙路三村交界处的山岗上，此山岗海拔为120米，俗称"镬底岗"或"大奶岗"。据清乾隆版《番禺县志》记载："元末义兵元帅屈仲舒起兵保障邑里，筑烟台其上。"自此以后，又称其为"烟管岗"，说明烽火台始建于元代。

现烽火台遗址仍在，其底边南北长7.7米，东西宽4.5米，残高1.5米，占地面积34.7米。烽火台建筑本体分为三层，底层是水成岩石料砌筑，中层是大岗红粉石和红砂岩叠砌，上层为青砖砌筑，整体略呈梯形。台的西面正中有通向台顶的砖石阶梯。种种迹象表明该烽火台曾经有过重修。

当时建造这座烽火台的目的，就是要其发挥传递消息的作用。后来番禺红巾军首领石楼人陈显良于清咸丰四年（1854）五月，率众在此祭旗，开始起义反清，也留下一段跌宕起伏的故事。

烟管岗烽火台遗址

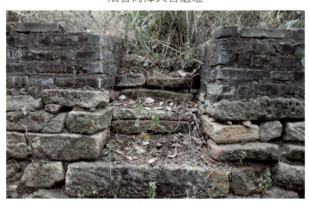

砖石阶梯

第四节　见证历史的海防要塞——炮台

清代在广州珠江近海范围建有许多炮台，这些炮台的用途和起建年代不尽相同，其中既有清初实施贸易禁令为封锁出海口而建造的炮台，也有两次鸦片战争前后为防御外侵而建造的炮台，其中保存较好的大多是晚清光绪时期加强海防体系时建造的炮台。

早期包括鸦片战争时期的炮台是以传统的炮城为主要形式，以三合土为主要材料，使用的火器是国产前膛铁炮。晚清光绪时期则是参照西洋的规范设计炮台，以进口的西洋水泥和青砖为主要材料，主要火器是西洋先进的后膛大炮，如从德国进口的克虏伯大炮。

番禺现存的两处炮台遗址也都涵盖其中，如实地反映了清代海防建设的部分内容。

1. 小谷围炮台遗址

位于小谷围街穗石村北约东北面的马展岗（现广州大学城广州药学院内），又称"炮台山"。炮台面向东南面的珠江沥滘水道，共有15个呈扇形

小谷围炮台鸟瞰图

排列的炮洞，整座炮台基址占地面积约 2500 平方米。

炮台由三合土版筑，相连的炮洞损毁严重，顶部已坍塌，火炮的基座设施大部分已毁坏，但遗存的炮洞墙质坚固，一些放置火药缸的壁龛仍清楚可见。各炮洞的基座不同，最大的基座长 6.4 米，宽 2.4 米；最小的长 3.2 米，宽 2.4 米。可能与所在位置的火炮大小相关。

在扇形炮台的后面有一座高约 5 米的小土丘，是当时居高临下瞭望和指挥的平台。整座炮台布局合理，形似拉开的弓箭，易守难攻。

有关这处炮台的始建年代：清康熙五十六年（1717），清廷下达南洋贸易禁令，沿海各地在港口和淡水河附近建筑了许多炮台，以对出海口进行全面封锁。据康熙《新修广州府志》记载，在当时的番禺县就新建有 7 处炮台。从小谷围炮台的特点看，它是以炮城的形式，用三合土建造，并使用国产的前膛铁炮，因此应属于清代早期海禁时的炮台。

炮洞及壁龛遗存

2. 沙路炮台

位于化龙镇沙路村北约坊的马腰岗和兵岗的山腰上，形成南北相互依托的两个炮台，北与黄埔长洲隔江相望，扼守着进入广州的珠江水道。建于清光绪十年（1884）。

炮台用进口水泥建成，由独立的后膛炮炮池组成，其中马腰岗有6个，兵岗有2个。如兵岗1号炮池呈半圆形，池壁的底部周围有存放炮弹的弹龛，池底有铺设德国大型克虏伯海岸大炮轨道的沟槽。炮池一侧为青砖砌筑的平顶房屋，水泥顶留有几个通气孔，房屋内都有分隔，均为券顶，应为存放弹药、避弹和值勤的掩体。炮池地面下有排水系统，入口处有砖砌台阶。

在马腰岗和兵岗炮台体系中，原有的兵房、弹药库、坑道等俱已损毁或湮灭，但连接炮台的通道大多还清晰可见。

炮池

炮池内炮轨与弹龛

炮台掩体

　　沙路炮台是正值中法战争的光绪十年（1884），为巩固海防，由时任两广总督张之洞奏准而建的。同时建造的还有长洲、鱼珠、牛山、屏冈东山四个炮台，统归长洲要塞管辖。这些炮台扼守狮子洋进入省河要冲，构成了当时广州海防体系中的第三道防线。直到抗日战争前沙路炮台仍在使用，抗日战争爆发后被日军摧毁，现兵岗1号炮池内仍有当时的弹坑。

第七章　其他建筑类型

第一节　乡村的权力机构——公局与公所

明清时期，在番禺县衙下设有巡检司，分片管理全县辖地，如禺南地区就有茭塘司和沙湾司。由巡检司管制的乡级行政机构开始叫"公局"，晚清及民国后，"司"改为"区"，各乡的行政机构也改称"公所"，就是后来的"乡公所"。乡公所具有自治性质，且自治的依据是清光绪三十四年（1908）公布的《城镇乡地方自治章程》。当时的行政划分，县政府所在地方为城，5万人以上为镇，5万人以下为乡。每个乡都包含若干个没有行政建制的自然村。因此乡是当时地方行政最基层的单位，负责处理乡中事务，如执行上级政策、召集村民议事、敬神祭祀、联系宗亲、田地批租等。

1. 仁让公局旧址

位于沙湾镇北村公局巷2号。始建于清嘉庆十四年（1809）。坐北朝南。面阔10.7米，进深30.34米，占地面积324.6平方米。为三间三进，由头门、正堂、后座组成。三进建筑为硬山顶，人字形封火山墙，灰塑博古脊，碌灰筒瓦，青砖墙，花岗岩墙基。

仁让公局全景

仁让公局头门

正堂

第七章 其他建筑类型

正堂左侧外墙碑刻

头门面阔三间，宽 10.7 米。为凹斗门形制，明间正中有花岗岩石门夹，门额上原悬挂有墨底白字"仁让公局"牌匾。墙楣绘有壁画。两侧外墙用蚝壳砌筑。头门后有纵深 5 米的大天井，铺花岗岩条石，两边建围墙。左墙嵌有清同治十一年（1872）"禁挖蚝壳告示碑"。

正堂面阔三间，宽 10.7 米。前立 2 根石檐柱，内有 4 根圆木金柱撑顶。在入口处原来也悬挂有当时知县张锡蕃所题的"型仁讲让"金底红字牌匾，公局取其中"仁让"二字命名，寓意深刻。正堂与后座间设有天井，两边围墙。

后座面阔三间，宽 10.7 米。两次间的正面都有开窗。

在正堂左侧外墙处还立有清同治十年（1871）"禁赌白鸽票、花会公禁碑"、光绪六年（1880）"禁牧耕牛告示"碑、光绪十一年（1885）"四姓公禁"碑三块碑，均为仁让公局所立。

据清同治版《番禺县志·建置略》记载："仁让公局在沙湾乡。嘉庆十四年，何、黎、王、李等姓同建，前署知县张锡蕃题匾曰：'仁让公局'。"可见当时一乡的管治，也是以宗族为核心而进行设置的。作为乡级地方行政机构，它隶属于番禺县沙湾司管辖。民国时期，公局改名为沙湾乡公所，并一直沿用到新中国成立初期。现是番禺历史最久的一间乡公所旧址。

171

2. 潭山村公所旧址

位于化龙镇潭山村环村公路地字一街28号。建于清宣统元年（1909）。坐北朝南。面阔9.1米，进深19.51米，占地面积177.5平方米。二间二进，由头门和后座组成，均为青砖砌筑，花岗岩墙基。

头门面阔二间，宽9.1米。平顶、凹斗门顶部建有山花，用彩色灰塑图案装饰。花岗岩石门夹，石额阴刻"公所"二字，上下款位置有石刻印章。头门明间通敞，东墙开一侧门通外，西墙也开一门通天井，天井两边有卷棚顶连廊，经天井可进入头门右次间。

彩色灰塑图案

公所头门

公所后座内部

后座面阔二间，宽9.1米。硬山顶，人字形脊，碌灰筒瓦。明间为厅堂，入口处正中悬挂"养源堂"木匾，上款"宣统己酉岁建"，落款"创建万益会会正作韶僧值事（人名略）等敬送，作韶题"。右次间由天井而入。

"养源堂"木匾所提到的"万益会"就是当地成立的公共机构，行使着公所的职能。

3. 潭山村天南三街公所旧址

位于化龙镇潭山村。建于民国十年（1921）。坐北朝南。面阔13米，进深13.9米，占地面积180.7平方米。二间二进，由头门、后座和偏房组成。主体建筑为硬山顶，人字形山墙，灰塑博古脊，碌灰筒瓦，青砖墙，花岗岩墙基。

头门面阔一间，宽7米。凹斗门形制，正中有花岗岩石门夹，门额石匾阴刻"公所"，上款"时于民国十年仲春吉旦"，落款"邵公，天南坊荫南、余荫社会建"。石匾两侧有浮雕童子像,左边童子手捧物件上刻"三田和合",右边童子手捧物件刻"招财进宝"。石门框刻一副对联"公义无私朝阙北,所为有异荫天南"。意指行为要有准则,办事要讲公道。头门后面有天井,两侧为廊。

后座是一间宽7米的大厅,后墙正中设一座神台。左墙开有双扇门,通往靠左的两间偏房。

天南坊荫南、余荫社会是指行使公所职能的公共机构。

公所全景

门额石匾题字

4. 茭塘西村公所旧址

位于石楼镇茭塘西村。建于民国七年（1918）。坐东北朝西南。面阔4.56米，进深10.78米，占地面积49.2平方米。单间两进，由头门和后座组成。为硬山顶，人字形山墙，碌灰筒瓦，青砖墙，花岗岩墙基。

头门面阔一间，宽4.56米。凹斗门，门额为花岗岩石匾，上阴刻"公所"，上款有"民国七年"字样，落款有"里人王庭筱"等字。墙楣绘花鸟壁画，两端樨头灰塑花草图案。头门入内有天井。

后座面阔一间，宽4.56米。为办事的厅堂。

公所左侧有洪圣庙，西南不远处是古石桥"跃龙桥"，桥头有座炮楼，环境优美。

公所头门

第二节　垂世流芳的牌坊

牌坊是很有特色的中国传统建筑，也是人们对牌楼和坊表的统称。牌楼建有构造复杂的屋顶，具有很强的烘托气氛的作用，因此也被称作"仪门"；一些用于衙署、学堂、街道等处的标志性牌楼则被称为"棂星门"；还有一些牌坊没有楼的构造，如不见斗拱结构等，有些还是冲天式（柱状如华表，高出额檐），这些用于旌表节孝、百岁寿庆、名胜、寺观、陵墓等纪念性的牌坊被称作"坊表"。由于二者外观和功用的近似，时间久了人们也就习惯地将"坊"与"楼"的概念混同，"牌坊"之名便成为互通的称谓。

番禺现存的牌坊有数十座，主要以标示科举成就、表彰宦迹政声、旌表贞节、寿庆等为立坊内容。这些牌坊不仅将古建筑造型艺术与雕刻装饰工艺完美结合，而且还包含有丰富的文化信息。其中最大的特色是"坊眼"，即牌坊的匾题。它不但蕴涵深刻，体现出教化作用，而且富有文采，多出自名家之手，具有很高的书法欣赏价值和文化价值。

1. "文学流风"牌坊

位于沙湾镇东村京兆小学内，为原黎氏大宗祠（永锡堂）内的仪门。祠堂始建于明嘉靖三年（1524），清道光十七年（1837）祠堂扩建时兴建了这座牌坊，后该祠被辟为小学，所属建筑陆续拆改，牌坊经 2000 年重修后基本保留了原貌。

牌坊坐北朝南，建于东西宽 9.4 米，南北长 2.55 米的花岗岩台基上，为四柱三间三楼砖石结构，高 7.8 米。4 根花岗岩方柱前后有抱鼓石夹持，明间横梁间石匾正面阳刻楷体"文学流风"，背面阴刻"凌江报最"。两次间横梁之间石板浮雕精美图案。三楼均采用四重砖雕如意斗拱，层层飘出，上承歇山式瓦顶。正楼灰塑龙脊，作回首四顾状，各楼脊脊顶还装饰有 6

对瑞兽。

牌坊两侧连以砖砌高墙，各开一拱门，门顶嵌红砂岩石匾，东匾阳刻"骏烈"，西匾为"清芬"。墙顶部装饰三重砖雕斗拱，上覆硬山顶瓦面。

据《黎氏族谱》所载，"流风"出自孟子"流风善政，尤有存者"一语。黎氏番禺始祖黎巨川宋时定居紫坭乡，曾筑"黎氏书楼"，其文采时称一乡之望。他的嫡孙黎南现为宋淳祐丙午科（1246）解元，黎南珍为咸淳戊辰科（1268）进士。至明清时期，散居各地的黎姓子孙更是代出科宦，故以"文学流风"以作旌表。

"凌江"为雄州的别称，就是现在的南雄。南宋时黎氏先祖于凌江结排南渡，历经周折才到此定居。而"报最"出自《汉书》，在明代宗族礼仪中就有"报功最"的礼仪，就是每年要在祖先牌位和族中耆老前报告自己当年管理家庭事务的作为，这种对各房子孙在家庭和宗族贡献上的评价方式一直沿袭至清代。因此黎姓族绅在祖祠牌坊上题刻"凌江报最"，即为纪念先祖，也为垂裕后代。

"文学流风"牌坊正面

"文学流风"牌坊背面

2. "笃生名宦"牌坊

位于沙湾镇西村王氏大宗祠内。建于清光绪二十四年(1898)。

牌坊坐北朝南,建于宽8.5米,进深3.8米的花岗岩台基上,为八柱三间三楼木石结构,高8.3米。前4柱为方形花岗岩石柱,柱前有抱鼓石相靠。后4柱为圆石柱,与前柱共撑上面的卷棚顶木构梁架。明间横梁间嵌石匾,正面阳刻楷书"笃生名宦",上款"光绪戊戌年",落款"许振祎题"。背面阴刻"世毓乡贤"。两次间横梁之间以铸铁角花各镶嵌2方卷草花纹浮雕石板。三楼的石横梁顶部均采用木雕驼峰承托四重木雕如意斗拱,层层迭出,与8根石柱共承歇山式瓦顶。各楼脊脊顶檐牙高挑,并以精细的灰塑鳌鱼作装饰。

牌坊两侧连有砖砌高墙,各开一拱门,门上嵌有花岗岩小石匾,东匾阳刻"柏府",西匾刻"薇垣"。墙上覆瓦顶,饰以灰塑博古脊。

定居沙湾的王氏一族为历代官宦名家,族姓地位在乡中显赫,荣耀异常,族中专门建有"名宦乡贤祠"以彰显政声,更为光前裕后。这座牌坊"坊眼"即匾题所表达的也是科宦的名声与成就。

"笃生名宦"牌坊背面

"笃生名宦"牌坊正面

3."百龄人瑞"牌坊

位于沙湾镇紫坭村桥西大街1号瑞园内。建于清乾隆三十二年（1767），附近一带田园称"牌坊围"，是因此坊而得名。后来又在围内建瑞园，也是以此坊来命名的。

牌坊坐北朝南，建于花岗岩平台上，为四柱三间三楼花岗岩石坊，明间宽3.9米，两次间各宽2.32米，高约5米。4根方石柱前后立有抱鼓石。明间横梁间石匾正面阴刻行书"百龄人瑞"，背面刻"贞寿之门"。左次间横梁上石板正面左起竖行刻有"寿母周氏系正伦张公之妻生于康熙七年九月二十一日子时今届乾隆三十二年现年一百岁奉旌表"。背面刻"流芳"。右次间石板背面刻"奕世"二字。牌坊的顶部为1996年重建的歇山式瓦顶，正楼屋脊中间灰塑蟠桃，脊两端塑卷叶，喻"蟠桃庆寿"之意。

该坊是周氏届满百岁，其孝子贤孙们向官府申报，获得朝廷恩准奉旨建坊，而且是寿庆与贞节同旌，因此又有"贞寿之门"匾题。这在当时是"优老之礼"的体现，也是该族姓及当地的荣耀。

"百龄人瑞"牌坊背面

"百龄人瑞"牌坊正面

4."贞寿之门"牌坊

位于石楼镇大岭村社围。建于清光绪十九年（1893）。牌坊坐北朝南，为四柱三间三楼，用花岗岩雕砌。明间宽1.9米，两次间各宽1.3米，高6米。4根方石柱前后立有抱鼓石。牌坊正面明间额匾阳刻楷书"贞寿之门"，落款"光绪癸巳年仲秋穀旦"。石匾上的横梁正中刻有"圣旨"二字。左次间额匾刻"同享"，右次间额匾刻"百龄"。4柱正面分别刻有对联，两侧石柱对联为"贞门帝予千秋表，寿域天为二母留"。中间两柱对联为"身历六朝，嫡庶臻百岁；恩褒四字，门闾表千秋"。上款"光绪十有九年癸巳秋八月"，落款"赐进士出身镇粤将军继格拜撰并书"。牌坊背面明间额匾亦刻"贞寿之门"，上款"光绪十九年癸巳秋八月"，落款"赐封文林郎陈达华之妻、妾，赐封七品孺人陈蔡氏、陈冼氏立"。两侧石柱对联为"苦节可贞，两母期颐臻上寿；考思锡类，九霄纶绰蔼皇仁"，上款"光绪十九年仲秋吉

"贞寿之门"牌坊

旦",落款"二十五传侄孙伟宗拜题",并刻有"陈伟宗印""小田"印各一方。中间两柱对联为"百尺画楼高,福曜双星辉翟茀;千秋彤管炜,慈云同日荷丝纶"。落款"学士考仁徐琪拜撰并书"。牌坊顶部雕琢硬山顶瓦脊。

据《陈氏族谱》记载,陈达华早逝,他的妻子蔡氏和妾冼氏守节养大女儿,两人都活到了百岁,后来外孙成名,禀呈朝廷为二位外祖母立了这座牌坊。牌坊保存完好,上面既刻有"圣旨",又有官员、饱学之士及宗亲的赞颂之句,颇具文采,很有历史价值。

5. 节孝坊

位于化龙镇水门村。建于清同治五年(1866)。

牌坊坐北朝南,为四柱三间冲天式,用花岗岩砌筑。明间宽3.3米,两次间各宽1.3米。4根方石柱前后均有抱鼓石夹护。柱端以条石压顶。在明间顶部的两柱之间加有一条短柱,其正面竖刻"奉旨旌表",下面的额匾刻有"诰赠昭武都尉李怀珍妻曾氏恭人节孝坊",上款"道光二十六年仲夏题",落款"同治五年仲秋下浣建"。左次间额匾阴刻"清标",右次间额匾刻"彤管"。

昭武都尉李怀珍曾是清朝正四品武官,他的妻子曾氏恭人能够被"奉旨旌表",并准立节孝坊,一定有着不平凡的事迹,这在当时是十分荣耀的礼遇。

"节孝坊"牌坊

牌坊局部

第三节　风水寓意中的塔阁

番禺自明清时期起建造的塔阁多为风水塔。究其缘由，其一是为祈求文运，希望多出人才，于是许多地方就将所建的塔称为文阁、奎阁、魁星阁等；其二是用以镇风水，达到驱邪造福乡里的目的；其三是为了状美景观、牢固地脉。这种风水观念深深地影响着民众的生活，在乡村发展规划中发挥着举足轻重的作用。特别是到了晚清，几乎每乡一塔，这既是重风水的表现，也体现了科举的兴盛。从现存为数不多的塔阁中，我们看到的不单是它的形制和外观，还有它蕴含的历史价值。

1. 莲花塔

位于石楼镇莲花山北主峰上。建于明万历年间，原名文昌塔。因此山多产砺石（俗称磨刀石），在山的东面又有一狮形巨石，故又名石砺塔、狮子塔。后又因山名而改称莲花塔。

莲花塔为八边形楼阁式砖塔，占地面积65.12平方米，共9层，高约50米，八角攒尖顶。首层开设一门，门顶部嵌有石匾，阴刻楷书"莲花塔"。塔内有砖砌阶梯绕壁而上，每层各面开有圭形窗。塔外层层飘檐，塔身批荡红白相间，雄姿伟岸。

莲花山盛产红砂岩石材，早在西汉时期就已大规模开采。据

莲花塔

第七章 其他建筑类型

塔门

清乾隆三十九年（1774）《番禺县志》载，明万历四十年（1612），番禺地方士绅以伤地脉、破风水为由告官要求封禁采石场，以阻止因滥采对环境造成的破坏，莲花塔就是在这种背景下建成的，并使其成了非佛教意义的镇山风水塔。实际上，广州珠江沿岸还有赤岗塔和琶洲塔，二塔位于莲花塔的上游，起建年代与莲花塔基本是同一时期，都是镇锁珠江水口的风水塔，按当时的风水学说，这三座塔的建立可以镇补广州珠江水口一带的空虚，增加灵气，有利于科举人士的登临转运，从莲花塔最初的塔名"文昌塔"也可印证这一点。莲花塔因雄踞珠江入海口西岸，数百年来，被外来船舶视为航标，因此素有"省会华表"之称。

水绿山青文阁

2. 水绿山青文阁

位于沙湾镇北村安宁西街官巷里后街东端。建于清康熙六十年（1721），又名"文昌塔""文魁塔"。

水绿山青文阁为六边形楼阁式砖塔，占地面积约20平方米，分三层，高约12米，各层顶部出檐，塔顶为六角攒尖顶。塔基座用花岗岩条石砌成，分两层，高约6米，沿石级可登上塔基平台。首层塔门向北面对留耕堂，石门额刻"文峰"二字。内供奉有文昌神像，并设有折上式阶梯。二层开窗处供奉关帝神像，外嵌石窗额，刻"明心"二字。三层开窗处供奉魁星神像，外嵌石窗额，刻"参天"二字。

水绿山青文阁是留耕堂在清康熙年间大规模扩建时附属的风水建筑，这座风水塔属于沙湾何氏全族，方便族中读书人进行祭拜求取功名，目的是不断壮大何氏宗族的文运与风水。

3. 大魁阁塔

位于石楼镇大岭村西约龙津桥东南侧。建于清光绪十年（1884）。

大魁阁塔为六边形楼阁式砖塔，占地面积 31 平方米，分三层，通高 20.6 米，六角攒尖顶。塔基为花岗岩砌成。塔身为双隅水磨青砖墙，各层顶部都向外出檐，檐下绘制有彩画。首层塔门上镶嵌有石额，上刻"作镇菩山"，落款"光绪十年三月李文田书"。内设折上式阶梯。二层正面开长方形石框窗，上镶石额刻"司命司忠"，落款"许其光"。三层正面开六边形石框窗，上镶石额刻"日月齐光"，落款"梁耀枢书"。

大魁阁塔是大岭村最主要的风水建筑，它坐镇菩山，傍依玉带河，与临近的龙津桥、接龙桥、显宗祠共同构成了该村的水口建筑群，形成一道靓丽的景观。当年建塔时，为这座塔题跋的都是当时的社会名流，足见对其的重视程度，也使这座风水塔更加具有厚重的历史和人文价值。

大魁阁塔

塔门石匾

4. 文昌塔

首层塔门向西北，装有花岗岩门框，石额阴刻楷书"斯文荟萃"。两边框刻对联"会际风云文占变豹，脉分日月位镇旋螺"。联上方雕蝠鼠衔环纹饰，下方雕花蓝璎珞纹饰。塔檐下六边都绘有彩色花鸟、山水壁画。塔内设置木梯，每层隔以木梁，上铺设木板。二层正面开竖长方形窗，花岗岩窗框，石额刻"藻跃高翔"，近塔檐处灰塑一周卷草花纹图样。三层正面开八角形窗，石额刻"健笔凌云"，塔檐下亦灰塑卷草纹饰。六角攒尖塔顶，碌灰筒瓦，每条瓦脊有两个灰塑倒钩卷草形饰物，顶部装饰琉璃葫芦形塔刹。

文昌塔与蔡边的蔡氏大宗祠同时建成，从题跋内容看，该塔位镇旋螺（指螺山岗），不仅成为当地的标志性景观，更是蔡氏一族祈求文运的风水塔。

文昌塔

第四节 水乡的记忆——石桥和水埠

番禺地处珠三角水网中心地带,大小河涌纵横交错。桥梁自古以来就是传统村落营建过程中的一项重要工程,并经历了由早期的竹木桥向石构桥渐变的过程。过去的古石桥以地方乡族修建为主,大多建在村落边缘的水口位置,维系着乡村的交通要道,有些还坐落于一村的形胜之地,与其他风水建筑形成特殊的景观。现存的古桥以清代的为主,较早的是用红砂岩建的红石桥,晚些的是用花岗岩建的白石桥。桥的形式多样,单孔或多孔的拱式桥比较常见,也有平铺的梁式石板桥。如今,这些历经沧桑的古石桥已成为市桥台地周边由河口水域演变为水网平原的最好见证,不仅反映出当时水乡的自然环境,也是生产力发展水平和文化教育水平达到一定程度的产物,从中可以看到明清时期番禺古村落的繁荣景象。

水埠是明清时期从事渔业、交通、运输船只停靠的古码头,在当时的水乡发挥着重要的作用。保留至今的水埠已很少见,因此也颇具历史价值。

1. 龙津桥

位于大岭村西约的玉带河上。建于清康熙年间(1662—1723)。

龙津桥为红砂岩建造的双拱石桥,长28米,宽3.2米。东西有引桥可拾级而上,东侧引桥又向右分出南引桥,长2.9米。桥墩加建分水尖,可减轻水流冲击。桥面两侧各竖16根石望柱和15块栏板,南侧中央栏板的外面阳刻草书"龙津"二字,上款"康熙年"。其余栏板均浮雕有莲花、八仙法器、鲤

石栏板"龙津"雕刻

鱼跳龙门等图案，其中北侧西端栏板雕有番人像，双手捧盘顶在头上，盘中盛物，作单腿跪献状，反映了当时与外贸有关的场景。

龙津桥是番禺现存古石桥中年代较早、原貌保留最完整的古桥。它与相邻的大魁阁塔、显宗祠等古建筑构成了大岭村最具特色的风水景观，也是古村落中现存最具代表性的水口古建筑群景观。

番人浮雕

龙津桥

2. 大桥头

原位于沙头街沙头村东，西环路与捷进路的交界处。始建于明嘉靖年间（1522—1566），民国初年重修，俗称"大桥头"，因桥下河涌曾是历年端午节龙舟竞渡的胜地，故又称"迎龙桥"。2002年因西环路扩建，将桥迁移到大夫山森林公园，并按原貌恢复。

大桥头为花岗岩砌筑的单拱石桥，长23.2米，宽3.78米。桥东西坡面各有十几级石阶，两侧有石望柱和栏板。桥南侧拱顶上嵌石匾，阳刻楷体"迎龙桥"三字。桥拱双层叠砌，券拱内壁各留三眼横闸门洞，可装横木阻挡船只出入。

据沙头《王氏族谱》记载，王氏八世祖王天香曾于明代出资陆续建造桥梁18座，大桥头就是其中之一。另据沙头人王青夷于1919年2月所绘《文昌阁石拱桥景画》，画中桥头有古榕数株，桥西侧建有碑亭，记载修桥的经过。不远处的文昌阁（文塔）高三层，塔门有对联云"九桥锁水龙湾聚；一点明星照碧沙"。塔一侧还有水埠，一湾清流，景色宜人。沙头村过去称碧沙乡，这幅画还原了原碧沙乡水口风水建筑群的旧貌，别具岭南水乡的秀美风光。

大桥头侧面

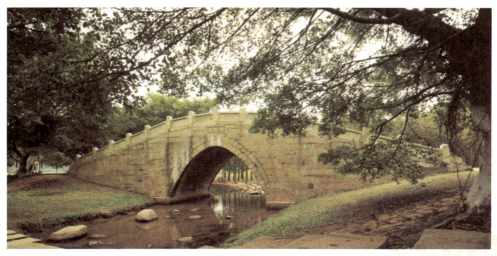

大桥头

3. 跨龙桥

位于石碁镇新桥村南坊的新桥涌上。始建于明洪武年间（1368—1399），原为木桥。清康熙五十二年（1713）改建为石拱桥，乾隆十一年（1746）重修，光绪三十三年（1907）生员周宗屏暨周泰昭、胡琼天等，费白金二万二千两再次重修（据民国《番禺县志续志》之《拱桥碑记》所载）。

跨龙桥为花岗岩建造的三拱石桥，长25.3米，宽4.6米。桥中段两端八级石砌台阶作为引桥，桥面两侧立有石望柱和栏板，正中栏板的外面阳刻楷体"跨龙桥"三字。

该桥至今保存完好，是连接新桥涌两岸的主要通道。在桥的西侧不远处有座建于明代的圣母宫，在此保留有清康熙五十二年的《重修拱桥碑记》碑和清乾隆十一年的《重修跨龙桥碑记》碑，如实记录了跨龙桥的历史和当年的重修过程。

桥面

石栏板浮雕

跨龙桥

4. 渭水石桥与门楼

位于小谷围街北亭村桥门大街与渭水街之间的河涌上，俗称"高桥"。南宋时由乡人崔北溪始建，原为木桥，直到清乾隆十五年（1749）才改建成石桥。

渭水石桥为单孔梁式石板桥，长10.65米，宽1.3米。两端为红砂岩砌筑的桥墩，以桥墩的斜面作引桥，并砌有石阶。桥面比两侧地面高1.6米，用3块厚0.35米的花岗岩条石并铺成桥面。

桥头两岸各建一座门楼，东门楼称为"乔门"，在门楼西内墙嵌有《渭水修桥碑记》碑，落款"乾隆十五年重修"。西门楼称"渭水"，其西内墙也嵌一方《办理平粜碑记》碑，落款"光绪三十三年立"。

据《渭水修桥碑记》载，崔姓先祖崔亮，在任雍州刺史时，曾在渭水河上建桥造福行人。因此将北亭建的桥命名为"渭水桥"，以示后人不忘先祖功业。此桥与两座门楼相伴而存，景致独美，在历史上曾是北亭洲"昌华八景"之一的"渭桥烟雨"。

"渭水"门楼

渭水桥

5. 靖波桥

位于沙湾镇新洲村。始建于明末，原为石墩木板平桥，清乾隆年间改为石桥。

靖波桥为单孔梁式石板桥，桥面用4块长8.2米，宽、厚0.45米的花岗岩条石并铺而成，总宽为1.8米。桥墩底部为红砂岩条石，上部用花岗岩条石，应该是重修而成。桥东一侧有上桥的数级石阶。

这座梁式桥所采用桥面石材体积巨大，在同类石板桥中非常罕见，显示出当时高超的建桥技艺水平。

靖波桥

靖波桥桥墩

6. 区玉水埠

位于钟村镇石壁三村。始建于清代。坐北朝南，面向陈村水道。

水埠长 15.2 米，宽 8.5 米，占地面积 129 平方米。全部用花岗岩条石砌成，分为岸边的装卸平台和连接河道的台阶两部分。平台侧墙上镶嵌有石匾，阴刻楷书"区玉水埠"，上款"癸丑年□□"，落款刻有人名，因水浸辨识不清。清代最晚的癸丑年是咸丰三年（1853），此年款可能是重修年款。

水埠即为停靠船只的码头。区玉是石壁区氏十三世祖，为清代翰林学士，他取得功名后，出资建起这座码头，成为当时石壁村民进出广州主要的水上交通设施，是反映番禺清代水上交通状况的珍贵遗迹。

"区玉水埠"石匾

区玉水埠

附录：番禺区建筑类各级文物保护单位一览表

（一）全国重点文物保护单位（1个）

序号	名称	年代	地点	公布时间
1	余荫山房（园）	1871年	南村镇北大街	2001年6月

（二）广东省级文物保护单位（4个）

序号	名称	年代	地点	公布时间
1	莲花城	1664年	莲花山旅游区山顶北	1989年6月
2	莲花塔	明代	莲花山旅游区	1989年6月
3	何氏大宗祠（留耕堂）	元代	沙湾镇北村承坊里	1989年6月
4	屈氏大宗祠（含八泉亭）	清代	新造镇思贤村	1989年6月

（三）广州市级文物保护单位（28个）

序号	名称	年代	地点	公布时间
1	黎氏宗祠	明代	南村镇板桥村	1989年12月
2	瑜园	近代	南村镇余荫山房	1993年8月
3	植地庄抗日纪念碑	1956年	南村镇里仁洞	1993年8月

（续表）

序号	名称	年代	地点	公布时间
4	孔尚书祠与厥里南宗祠	明代	大龙街大龙村	2002年7月
5	陈氏大宗祠（善世堂）	明代	石楼镇石一村	2002年7月
6	广游二支队独立中队队部	1938年	沙湾镇涌边村	2002年7月
7	鳌山古庙群	明代	沙湾镇三善村	2002年7月
8	群园	1941年	市桥海傍路	2002年7月
9	穗石村炮台遗址	清代	小谷围街穗石村	2008年12月
10	李忠简祠	明、宋	沙湾镇东村青萝大街38号	2008年12月
11	后山黄公祠	明代	化龙镇塘头村	2008年12月
12	大魁阁塔、龙津桥	清代	石楼镇大岭村	2008年12月
13	黄氏大宗祠	明代	石壁街屏二村	2008年12月
14	鉴湖张大夫家庙	清代	沙湾镇龙岐村	2008年12月
15	林氏宗祠	清代	小谷围街穗石村	2008年12月
16	崔氏宗祠	清代	小谷围街北亭村	2008年12月
17	永锡堂（"文学流芳"牌坊）	清代	沙湾镇东村	2008年12月

（续表）

序号	名称	年代	地点	公布时间
18	练溪村古建筑群	清代	小谷围街练溪村练溪大街14、16、18、6-1号，郎尾大街10、8号	2008年12月
19	跨龙桥、圣母宫庙	明至清	大龙街新桥村	2008年12月
20	跃龙桥	清代	石楼镇茭塘西村	2008年12月
21	渭水桥及石门楼	清代	小谷围街北亭村乔门大街与渭水大街	2008年12月
22	沙路炮台	1884年	番禺区化龙镇沙路村北约坊马腰岗和兵岗	2008年12月
23	梁氏宗祠	清代	小谷围街北亭村	第八批市保
24	市头蒋氏宗祠	清	南村镇市头村市头大道南1号	第八批市保
25	何少霞故居	民国	沙湾镇北村	第八批市保
26	仁让公局	清代	沙湾镇北村	第八批市保
27	惠岩何公祠	民国	沙湾镇北村	第八批市保
28	三稔厅	清	沙湾镇北村	第八批市保

（四）番禺区级文物保护单位（15个）

序号	名称	年代	地点	公布时间
1	两塘公祠	清	石楼镇大岭村中约街	2010年11月
2	傍江西罗氏大宗祠	1920年	大龙街傍江西村中和大街8号	2010年11月
3	蔡氏大宗祠	1923年	东环街蔡边一村阳平坊大街8号	2010年11月
4	邬氏大宗祠	清	南村镇南村村南大道	2010年11月
5	官堂康公古庙	清	南村镇官堂村镇东路2号	2010年11月
6	茭塘东文武庙	清	石楼镇茭塘东村蒲江大道	2010年11月
7	节孝流芳牌坊	1852年	石碁镇凌边村大庙附近	2010年11月
8	丛桂坊门楼	明	南村镇员岗村桂桂坊大街二巷	2010年11月
9	村心二街横二巷7号古民居	清	化龙镇塘头村村心二街横二巷7号	2010年11月
10	敬修堂	1935年	大龙街茶东村楼街南2号	2010年11月
11	适庐	中华民国	化龙镇塘头村子荫路1号	2010年11月

（续表）

序号	名称	年代	地点	公布时间
12	群庐	20世纪30年代	化龙镇山门村下街12、14号	2010年11月
13	凌边会堂	1961年	石碁镇凌边村凌环南路3号	2010年11月
14	南村公社涌口水闸	20世纪50年代	南村镇市头村涌口自然村村口	2010年11月
15	区玉水埠	清	石壁街石壁三村陈涌水道边	2010年11月